MAURICIO BENVENUTTI

AUDAZ

CARO LEITOR,
Queremos saber sua opinião sobre nossos livros.
Após a leitura, curta-nos no facebook/editoragentebr,
siga-nos no Twitter @EditoraGente e visite-nos no site
www.editoragente.com.br.
Cadastre-se e contribua com sugestões, críticas ou elogios.
Boa leitura! #LivrosFazendoGente

MAURICIO BENVENUTTI
AUTOR DO BEST-SELLER INCANSÁVEIS

AUDAZ

AS 5 COMPETÊNCIAS PARA CONSTRUIR CARREIRAS E NEGÓCIOS INABALÁVEIS NOS DIAS DE HOJE

Diretora
Rosely Boschini

Gerente Editorial
Rosângela Barbosa

Assistente Editorial
Audrya de Oliveira

Controle de Produção
Fábio Esteves

Analista de Produção Editorial
Karina Groschitz

Preparação
Entrelinhas Editorial

Projeto Gráfico e Diagramação
Balão Editorial

Revisão
Vero Verbo Serviços Editoriais

Capa
Bruno Lima Simões

Imagens de Capa
Astronauta: lexaarts/shutterstock.com
Globo terrestre: Dima Zel/shutterstock.com
Universo: Kumpol Chuansakul/shutterstock.com

Impressão
R. R. Donnelley

Copyright © 2018 by Mauricio Benvenutti
Todos os direitos desta edição são reservados à Editora Gente.
Rua Wisard, 305, São Paulo, SP
CEP 05434-080
Telefone: (11) 3670-2500
Site: www.editoragente.com.br
E-mail: gente@editoragente.com.br

Dados Internacionais de Catalogação na Publicação (CIP)
Angélica Ilacqua CRB-8/7057

Benvenutti, Mauricio
  Audaz: as 5 competências para construir carreiras e negócios inabaláveis nos dias de hoje / Mauricio Benvenutti. – São Paulo: Editora Gente, 2018.
  224 p.

  Bibliografia
  ISBN 978-85-452-0267-7

  1. Negócios 2. Sucesso nos negócios 3. Administração de empresas 4. Inovações tecnológicas I. Título

18-0932   CDD-650.1

Índice para catálogo sistemático:
1. Sucesso nos negócios

SUMÁRIO

AGRADECIMENTOS	8
INTRODUÇÃO	9
1. DEMOCRATIZAÇÃO DE TUDO	**10**
Boas-vindas a 2030!	11
Um rolo compressor vem aí	15
Abundância	18
2. A INQUIETUDE QUE NOS UNE	**24**
Aprender, adaptar e ensinar	25
Inspirar o inimaginável	31
O poder exponencial da tecnologia	38
3. O AMANHÃ	**46**
Inteligência artificial	47
O futuro do que fazemos	54
Novas exigências	61

4. CAUSAR IMPACTO — 66

Propósito — 67
Três ações para causar impacto — 71
Cultura de irmãos e irmãs — 76

5. OLHAR A PRÓXIMA CURVA — 84

A indústria do gelo — 85
Os horizontes de crescimento — 90
O foguete voltou da Lua — 99

6. QUESTIONAR EM VEZ DE TER A RESPOSTA PRONTA — 104

Diploma não significa educação — 105
O questionamento transforma indústrias — 110
O poder das perguntas — 117

7. FAZER COM AS PESSOAS EM VEZ DE PARA ELAS — 124

Incansáveis — 125
A individualização superou a média — 134
Você tem poder — 141

8. SER DIVERSO — 148

As diferenças estimulam o incomum — 149
Alianças imprevisíveis — 154
Diversidade não se importa com falhas — 161

9. MORTAIS COMO VOCÊ E EU   166

Possibilidades atuais estimulam novos negócios   167
Ambiente inovador exige empresas diferentes   176
Nunca foi tão possível mudar de vida   187

10. AUDAZES E DESOBEDIENTES   198

Liberdade e responsabilidade   199
Presente excitante   204
A era da audácia   208

REFERÊNCIAS   215

AGRADECIMENTOS

Você deve imaginar. Escrever um livro não é fácil. Muita pesquisa, dedicação e horas sem dormir. Foram madrugadas, feriados e fins de semana investidos para colocar no papel o que você vai ler. Sem a ajuda de várias pessoas, porém, este projeto não teria nascido.

Primeiro, minha esposa Nathália. Que parceira incrível encontrei para a vida. Esteve ao meu lado em todos os momentos desta jornada. Fez tudo ser mais simples, leve e fácil. Depois, meus pais. Como eles não são envolvidos com inovação e empreendedorismo, denominei-os "responsáveis pelo entendimento". Assim, Nara e Nelson garantiram que o texto pode ser lido e compreendido por qualquer pessoa. Agradeço ainda à StartSe, minha empresa. O time segurou as pontas brilhantemente enquanto me ausentei durante essa caminhada. E à Editora Gente. Não poderia ter formado uma aliança melhor para disseminar o conteúdo das próximas páginas.

Meu muito obrigado também aos convidados que contribuíram com a escrita. Eles tornaram o livro extremamente prático e aplicável à vida de qualquer profissional ou empresa. Além de todos os indivíduos envolvidos direta ou indiretamente com a produção desta obra. É fantástico ver como o compartilhamento de conhecimento move voluntariamente incontáveis seres.

Por fim, a razão do esforço dessas pessoas tem nome: você. Leitor e leitora. Amigo e amiga. Por isso, minha gratidão imensa por estar aqui. Boa leitura!

INTRODUÇÃO

Entenda apenas que a normalidade nunca mudou nada.

CAPÍTULO 1

DEMOCRATIZAÇÃO DE TUDO

BOAS-VINDAS A 2030!

Olá, leitor. Olá, leitora. Maravilha que está aqui. Quero lhe dar boas-vindas a 2030! Um ano fantástico, você não faz ideia. Muito diferente de 2016, quando lancei INCANSÁVEIS, meu primeiro livro. Hoje, com 49 anos, perto de completar meio século de vida, observo como o planeta mudou. Cidades são diferentes. Relações profissionais e sociais também. A cultura da posse deu lugar ao uso. Acessar é mais importante que ter. Usufruir tem mais valor que comprar. Eu, por exemplo, sou proprietário de pouca coisa. Não tenho carro. Não tenho casa. Não tenho a quantidade de bens do passado. E mesmo assim, minha qualidade de vida aumentou muito.

Quando minha esposa e eu mudamos do Brasil para São Francisco 15 anos atrás, em 2015, decidimos vender nossos carros. Muitos acharam estranho. Falaram que seria impossível enfrentar a correria diária sem um automóvel. Ou que não teríamos liberdade para viajar nos fins de semana. Além dos mais resistentes que diziam: quero ver quando tiverem filhos. Esquece!

Bem, os bebês vieram, o preço do transporte despencou e aqui estamos. Não apenas minha esposa e eu. Mas quase todos que conheço não possuem veículo próprio. Podemos chamar carros autônomos para distâncias curtas. Usar transporte público para trajetos maiores. E logo teremos carros voadores à disposição. A sociedade começou a se locomover de maneira mais organizada quando as alternativas ao automóvel se tornaram acessíveis, rápidas e convenientes. Essa mudança reduziu a necessidade de estacionar e alterou radicalmente a geografia das cidades.

Lembro quando Helsinque, capital da Finlândia, anunciou um plano ambicioso para tornar a propriedade do automóvel desnecessária até 2025.[1] De projeto ousado, virou realidade. O que parecia utopia dos finlandeses, hoje é normal em Helsinque, onde moro e nos principais centros do mundo.

Exceções existem, claro! Semana passada, Eduardo Glitz, um grande amigo meu, comprou um carro. Ou melhor, adquiriu o seu 21º veículo. Desde quando éramos sócios na XP Investimentos, vinte anos atrás, todos sabem da sua paixão por automóveis, corridas e velocidade. Hoje, ele é um grande colecionador. Uma vez por mês, ele leva seus carros para um autódromo e damos uma volta. Sempre bate uma nostalgia nos mais apegados. Mas logo passa quando recordam o passado. A época em que eram reféns do volante. Sujeitos a congestionamentos, acidentes, IPVA, seguro, gasolina, estacionamento e tantos outros gastos e desprazeres.

Frequentemente uso minha bike. Também corro três vezes por semana. Isso é a minha terapia. É incrível como alguns hábitos parecem nunca desaparecer. Caminhar, correr e pedalar. Ler, cozinhar e jogar bola. Beber, conversar e rir com os amigos. Isso me faz lembrar os seres sociais que somos e como emergimos culturalmente de um relacionamento próximo com a natureza.

Boa parte do que era considerado produto virou serviço. Temos acesso a transporte, moradia e demais necessidades que precisamos para viver. Um por um, esses itens foram se tornando muito baratos. Vários, inclusive, tornaram-se gratuitos. Assim, não faz sentido possuí-los. O estranho hoje é ter carro, casa ou apartamento. Para quê?

Alugo boa parte das coisas de que preciso. Não só eu, mas a maioria da população. Tudo é muito barato. Pagamos centavos por qualquer coisa. Cozinhar, por exemplo. É uma tarefa simples. Drones entregam os ingredientes e os utensílios na porta de casa. Paramos de entulhar coisas em nossos armários, como frigideiras, panelas ou aparelhos de fondue. Meus filhos não entendem como seus avós compravam isso para usar poucas vezes na vida. Hoje, otimizamos tudo. Pagamos pelo tempo que usamos e nada mais.

Ir ao shopping? Fazer compras? Lembro vagamente dessas experiências. Quase tudo foi transformado em escolher algo para usar. E não para comprar. Às vezes, eu mesmo escolho. Mas quase sempre é meu assistente virtual que escolhe por mim. Ele conhece meus gostos melhor que eu. Sabe o que preciso, quando preciso e a quantidade que preciso.

No momento em que inteligência artificial e robôs passaram a fazer parte da nossa vida pessoal e profissional, ganhamos tempo. Hoje, me alimento melhor, durmo com mais qualidade e tenho uma vida social mais ativa. Meu trabalho e o da maioria das pessoas podem ser feitos a qualquer momento e de qualquer lugar. Demorou certo tempo para a sociedade aceitar essas novas tecnologias. Mas, hoje, ninguém consegue explicar como era possível viver sem.

Apesar de as jornadas obrigatórias das 9 horas da manhã às 6 horas da tarde ainda existirem, organizações que adotam esse modelo não conseguem evoluir e atrair talentos. Gente boa não dá a mínima para elas. Hoje, entidades que prosperam são aquelas que conferem liberdade e responsabilidade aos colaboradores. Cada um é livre para executar o trabalho do próprio jeito. E responsável por assumir as próprias escolhas.

A comunicação foi digitalizada e tornou-se gratuita. A internet já é de graça há alguns anos. O custo da energia hoje é marginal. Impressoras 3D existem em praticamente todos os lugares. Condomínios, empresas e órgãos públicos as usam para imprimir peças, acessórios e itens de reposição quando precisam. Com isso, a quantidade de inventário reduziu drasticamente. E todas as tendências indicam para uma quantidade de estoque mundial próximo a zero em pouco tempo.

Os idosos geralmente questionam a minha geração. Eles nos acham irresponsáveis por possuirmos tão pouco. Por sermos donos de quase nada. Na verdade, num mundo onde as mudanças eram lentas, fazia sentido acumular. Havia certa previsibilidade de vida. As pessoas compravam uma casa, pois tinham certeza de que morariam naquele lugar por anos ou décadas. Que trabalhariam na mesma empresa. Que executariam o mesmo trabalho. Agora, porém, as mudanças são muito rápidas. Elas ocorrem semestral, trimestral e até mensalmente. Para enfrentar esse desconhecido, é necessário ser livre. Acessar em vez de possuir. Usar em vez de comprar. Isso nos mantém ágeis, leves e preparados para o que vem pela frente.

Eu sinto por todos aqueles que decidiram se afastar disso tudo. Que se isolaram em pequenas comunidades. Que reclamam até hoje de toda essa tecnologia. Eles começaram a se manifestar quando a robótica assumiu grande parte dos nossos empregos. Mas em vez de conviver com as inovações e aprender a usá-las ao seu favor, tentaram freá-las. Fizeram protestos. Impediram e tardaram avanços. Como os últimos anos exigiram muita especialização de todos, tivemos que aprender novas habilidades e competências. Quem não se capacitou, infelizmente reduziu o padrão de vida.

A vida hoje é melhor. Puxada, dinâmica, competitiva, mas melhor. Muito superior em relação ao caminho que a sociedade seguia. Estava claro que não dava para continuar com aquele modelo de crescimento. É uma pena, mas tivemos que passar por vários acontecimentos amargos antes de concluir isso. Mudanças climáticas, crises de refugiados, degradação ambiental, cidades congestionadas, poluição da água e do ar, desemprego, instabilidades econômicas, políticas e sociais. Perdemos muita gente antes de perceber que poderíamos fazer diferente.

UM ROLO COMPRESSOR VEM AÍ

Fantasia. Utopia. Ilusão. Essa é uma forma de analisar o texto anterior.[2] Um conto de ficção científica que retrata um cenário distante e improvável. Ok, compreendo. Mas dá também para sonhar com um futuro real, provável e previsível. Algo mais próximo de acontecer do que imaginamos. Eu prefiro enxergar assim. Podemos questionar, discordar ou difamar o amanhã. Só não podemos ignorá-lo. O que levará a raça humana para a frente será diferente do que a trouxe até aqui.

Se você me perguntar qual carreira ou indústria será afetada pela tecnologia, eu direi todas. Se alguma profissão ou empresa ainda não foi influenciada pelos avanços tecnológicos, ela será. E será em breve. Carreiras e indústrias mudam rapidamente. É bem provável que o trabalho dos seus sonhos não exista daqui dez anos. Ou que a organização tão admirada hoje seja esquecida em pouco tempo.

O ser humano se diferencia pela sua capacidade de pensar, raciocinar e tomar decisões. Isso nos tornou soberanos na Terra. Perdemos em força, altura e massa para outros animais. Mas ganhamos em inteligência. Apesar das quase 9 milhões de espécies existentes no mundo,[3] nosso cérebro nos coloca numa posição privilegiada em relação a elas. Mas qual é o ponto?

Bem, durante séculos, os nossos músculos eram a única fonte de energia capaz de produzir algo. Usávamos a força humana para construir tudo. No entanto, a Revolução Industrial mudou isso. Em vez do trabalho manual, a energia passou a vir da potência das máquinas. A produção artesanal deu lugar às fábricas. E praticamente todos os aspectos da vida cotidiana foram influenciados por isso. O ganho de produtividade provocou um salto inédito na história da humanidade e lançou as bases do mundo que conhecemos hoje.

No entanto, estamos diante de uma nova revolução. De um divisor de águas ainda mais profundo. De uma transformação em curso bem em frente dos nossos olhos. Depois das mudanças geradas pelos braços humanos e pelas máquinas, agora é a vez da tecnologia. Alcançamos o período em que os avanços computacionais irão potencializar a capacidade humana e mudar a forma como vivemos mais uma vez.

Só que há algo mais crítico. A tecnologia que desafiará profissões e empresas no futuro não tem nada a ver com as fábricas que substituíram os trabalhos do passado. O amanhã será cheio de máquinas pensantes, instruídas e adaptáveis. Máquinas que aprendem. Que analisam, raciocinam e decidem. Pela primeira vez na história, o progresso tecnológico está atuando justamente naquilo que mais nos diferencia das demais espécies. Ou seja, na capacidade única e fundamental da nossa inteligência. Que nos posiciona na vanguarda do progresso. E nos mantém relevantes e indispensáveis à economia.

Esqueça a maneira como se encarava negócios e carreiras. Empresas e profissões. Vida e trabalho. A sociedade está sendo completamente reescrita. Tudo o que aprendemos e sabemos está em xeque. Não dá para enfrentar o mundo se valendo das habilidades valorizadas pelas

A TECNOLOGIA ESTÁ FAZENDO PELO NOSSO CÉREBRO O MESMO QUE AS MÁQUINAS FIZERAM PELOS NOSSOS BRAÇOS NA REVOLUÇÃO INDUSTRIAL.

gerações anteriores. Elas deram certo no passado. Fizeram sentido lá atrás. Mas são insuficientes hoje. A vida atual exige competências profissionais novas e diferentes.

ABUNDÂNCIA

O alumínio é um dos elementos mais presentes da Terra. Hoje, ele é barato e usado de maneira generalizada em várias aplicações do dia a dia, como embalagens, latas e utensílios de cozinha. Por ser leve, ter baixa densidade e ser resistente à corrosão, também é muito presente na estrutura de aviões. No entanto, não foi sempre assim.

Mesmo representando cerca de 8% da crosta terrestre, o alumínio não é visto livre na natureza. Ele está misturado com rochas e minerais. Separá-lo dessas pedras era uma tarefa árdua quando foi descoberto, há mais de duzentos anos.[4] Por isso, o consideravam um metal precioso. Mais valioso, inclusive, que o ouro. Com o avanço dos processos de obtenção e extração, seu preço despencou e sua produção explodiu. Para entender essa ordem de grandeza, entre 1854 e 1890, só 200 toneladas de alumínio foram produzidas. Isso é igual ao peso de 100 picapes F-150 da Ford, que possuem carroceria de alumínio e são fabricadas pela montadora a cada 90 minutos atualmente.[5] De nobre e escasso, o metal tornou-se comum e abundante.

Essa história demonstra o que acontece hoje no mundo. Vivemos um período de abundância. De fartura de opções, escolhas e possibilidades. Os avanços tecnológicos derrubaram barreiras e transformaram o que era escasso em acessível. E quando isso ocorre, produtos e serviços tornam-se estupidamente baratos e disponíveis a qualquer um.

Depois de ter sido sócio da XP Investimentos por quase dez anos, período em que ajudei a construir a maior corretora de valores do Brasil e uma das maiores instituições financeiras da América Latina, me mudei para o Vale do Silício, em 2015.

Nessa região, passei a receber muita gente, do mundo todo, que queria saber como serão os empregos e as profissões do amanhã. Compreender o impacto das novas tecnologias nas relações de trabalho. E aprender diferentes formas de inovar os negócios. Em 2016, por exemplo, recebi um grupo de executivos de uma das principais empresas de telecom do Brasil. Eles queriam entender como o setor, que emprega milhares de pessoas e impacta bilhões de clientes pelo mundo, não viu surgir o WhatsApp. Uma solução que tinha 55 funcionários quando foi vendida para o Facebook em 2014.[6]

Enquanto os principais players disputavam no intervalo da novela das oito quem oferecia o DDI mais barato do mercado, o WhatsApp transformou o escasso em abundante. Fez de uma ligação internacional, cara e acessível a poucas pessoas que tinham condições de pagar, algo gratuito e disponível a qualquer um. Observe que as armas dessas novas empresas são completamente diferentes das armas usadas anteriormente. O WhatsApp transformou as telecomunicações sem ter lojas, vendedores ou centrais de atendimento. Você já ligou para o *call center* deles e escutou "WhatsApp, bom dia, em que posso ajudar"? É uma briga praticamente desleal e injusta, que fez o DDI desaparecer sem deixar saudade.

Veja isso também. Até pouco tempo atrás, costumávamos pagar por um número definido de músicas. Geralmente de 10 a 20 por álbum. E elas eram disponibilizadas em cassetes, LPs ou CDs. Agora, pagamos uma assinatura mensal do Spotify e acessamos milhões de canções instantaneamente. Antes, comprávamos aparelhos de GPS para guiar nossas viagens e deslocamentos urbanos. Quantas pessoas tinham condições de ter isso? Hoje, cada indivíduo com um celular nas mãos carrega um

GPS dentro dele. Migramos de servidores do tamanho de casas para computadores pessoais que cabem no nosso bolso. A tecnologia dá acesso ao que é exclusivo. Desmonetiza o que é caro. Democratiza o que é restrito.

Como consumidores, vivemos essa abundância de opções. Produtos e serviços estão disponíveis de várias formas. Em vários lugares. Com vários preços. Tudo o que queremos, encontramos! Ganhamos poder. Passamos a controlar o que consumimos. Lembra dos 4Ps do marketing? Pois é, eles adoeceram. Produto: não há nada que não possa ser mais bem produzido. Preço: sempre há algo mais barato na internet. Praça: tudo é disponível on-line, 24 horas, 7 dias por semana, 365 dias por ano. Promoção: ou você está no newsfeed dos seus clientes, ou você não existe.

Como profissionais, vivemos abundância de talentos. A educação atinge mais pessoas. Somos cada vez mais instruídos. Ganhar destaque na multidão exige mais conhecimento. Requer novas qualificações. Em 1850, o brasileiro estudava em média meio ano.[7] Hoje, são quase oito. Ou seja, 16 vezes mais.[8] Em breve, a melhor educação disponível na Terra será entregue massivamente por meio da tecnologia. E a qualidade do ensino recebida pelos filhos dos bilionários e pelos filhos dos pais mais pobres do planeta será a mesma.

Como empresas, vivemos abundância de concorrentes. Isso acontece porque nunca custou tão pouco exercer a atividade empreendedora. O investimento para abrir e manter um negócio é o menor da história. Servidores em nuvem, espaços de *coworking*, ferramentas de ponta. Tudo hoje é acessível. Tecnologias poderosíssimas, as quais somente governos, grandes empresas e pessoas com muito dinheiro tinham acesso, hoje estão disponíveis a qualquer um. Tornamo-nos capazes de acessar alto poder computacional e criar soluções incríveis baseadas nisso.

E assim como as barreiras financeiras caíram, as limitações geográficas também despencaram. O mundo tornou-se um só. Não existem mais 200 países. Formamos hoje um único mercado. Qualquer pessoa, em qualquer lugar e a qualquer momento, pode criar algo e impactar milhões ou bilhões de indivíduos. Lá atrás, começar algo e "ser visto" além das fronteiras da sua cidade era uma atividade árdua e cara. Poucos tinham disposição e fôlego financeiro para isso. Atualmente, você divulga um negócio para o mundo com os mesmos recursos que gastava para promovê-lo no seu município.

No passado, mesmo que um grupo de pessoas tivesse um projeto fantástico e uma vontade imensa de transformá-lo em negócio, as barreiras eram tantas que muitos desistiam. Resolviam fazer outra coisa da vida. Já hoje, como iniciar uma empresa é simples e custa bem menos, mais e mais pessoas estão se dando ao "luxo" de tentar. E como há mais gente tentando, mais negócios dão certo. Mais empresas surgem. Mais competição existe.

Como consequência, cada vez menos veremos aquelas brigas entre gigantes. De uma grande corporação contra outra. Em vez disso, empresas tradicionais disputarão mercado com um verdadeiro enxame de abelhas. Com uma massa de soluções enxutas, tecnológicas e altamente especializadas. Para cada unidade de negócios de uma organização, existirão centenas de concorrentes ferozes e ousados, preparados para aniquilar as dores dos clientes com experiências únicas. Que farão os níveis de eficiência e personalização beirarem o estado da arte. Não haverá mais espaço para produtos e serviços medianos em meio a tantas alternativas fantásticas à disposição.

Criar algo em um ambiente sem escassez, onde tudo é abundante, muda as regras do jogo. Altera as habilidades exigidas e o conhecimento que deve obter. Isso desafia o nosso sentido de estabilidade. A nossa

TECNOLOGIAS PODEROSAS, ÀS QUAIS SOMENTE GOVERNOS, GRANDES EMPRESAS E PESSOAS COM MUITO DINHEIRO TINHAM ACESSO, HOJE ESTÃO DISPONÍVEIS A QUALQUER UM.

noção de velocidade. E faz buscarmos, mandatoriamente, uma versão melhorada de nós mesmos como forma de manter o nosso diferencial.

Enfim, só para você ter uma ideia. Hoje, uma pessoa no Quênia com um smartphone nas mãos acessa mais informações que o presidente Bill Clinton acessava quando governou os Estados Unidos na década de 90.[9] O Google desse queniano é tão bom quanto o de Larry Page, fundador do próprio Google. O conhecimento que ele obtém da internet é o mesmo que o seu. O empoderamento humano, que começou nas comunicações e no acesso à informação, está expandindo para todas as áreas. E faz com que tecnologias avançadas fiquem cada vez mais próximas dos cidadãos comuns.

CAPÍTULO 2

A INQUIETUDE QUE NOS UNE

APRENDER, ADAPTAR E ENSINAR

Inovação é diferente de invenção. Muitas pessoas utilizam essas palavras de maneira equivalente. Com o mesmo sentido e significado. Isso não só é incorreto, como altera todo o sentido de uma conversa.

Na verdade, existem várias diferenças entre esses dois conceitos. Alguns dizem que inventar é criar algo novo, enquanto inovar é dar utilidade prática a uma ideia ou um conceito. Ou que inventar é introduzir um processo pela primeira vez, enquanto inovar é causar mudanças em comportamentos ou interações. Tudo isso está certo. Mas, para mim, a viabilidade econômica é a principal característica que separa esses termos. Pois inovação envolve dinheiro. Requer retorno financeiro. Algo pode ser inventado. Mas enquanto não existir uma forma de comercializar, não é inovação. Essa é a maior diferença entre as duas definições. A monetização é parte intrínseca de algo inovador.

INOVAÇÃO = INVENÇÃO + COMERCIALIZAÇÃO

Muitas empresas afirmam ser líderes em inovação. E mostram uma infinidade de patentes para provar isso. Mas patentes são evidências de invenções. De alguém ter criado algo antes dos outros e documentado isso por meio de um processo legal. No momento em que uma patente é feita, a utilidade dessa invenção não está comprovada. Seu futuro ainda é desconhecido. Há milhares de patentes que definitivamente não servem para nada. Não têm uso na indústria. Não influenciam produtos ou serviços. E não mudam a vida de ninguém. Por isso não acredito em patentes.

Patentes sem uso não são inovação. Logo, não geram retorno financeiro algum. No entanto, não desmereço a importância da invenção. Do trabalho dos documentadores e dos sistemas jurídicos em todo o mundo que reconhecem os direitos de um inventor, estabelecem um meio para essas pessoas explorarem suas invenções e obterem ganhos financeiros durante determinado tempo – caso encontrem uma forma de comercializar o que foi criado.

Entretanto, no mundo de hoje, a tecnologia está sempre à frente da regulamentação. Pensar que você está protegido por ser proprietário de uma patente, com direito de produzir e licenciar produtos sem que outros possam copiar, é utopia. Não há gente querendo fazer igual a você. Há gente querendo fazer melhor que você. Pois a invenção é só uma parte do processo. Encontrar um mercado, grande o suficiente para ser lucrativo, com consumidores dispostos a pagar pelo que você criou, é a etapa mais difícil da engrenagem.

Você pode ter a patente da invenção. Mas, se a solução que as pessoas querem for formada pela sua invenção acrescida das mudanças X, Y e Z, sua patente não serve mais para nada. O produto desejado pelo mercado é outro. E, nesse caso, todas as proteções que você conquistou dos organismos legais deixam de ter sentido.

Não existe nada que não possa ser melhorado. Com os atuais níveis de acessibilidade tecnológica, liderança não é mais definida por patentes. Mas pela capacidade de um indivíduo ou uma empresa atrair e motivar as pessoas mais talentosas que existem. O segredo está em se cercar de seres com habilidades técnicas e criativas, que compreendem os hábitos de consumo dos usuários e conseguem transformar uma invenção em algo sustentavelmente desejado pelo mercado. Não invista o seu tempo correndo atrás de controles e proteções. A tecnologia atual atropela esse tipo de barreira. Em vez disso, gaste energia para criar meios capazes de atrair as mentes mais iluminadas que você conhece. Essa é a proteção mais segura e poderosa que você pode construir.

É por isso que uma das mais importantes competências que profissionais e empresas precisam desenvolver hoje é basear suas carreiras e seus negócios em propósito. Construir produtos e serviços apoiados em significado e impacto. Um propósito forte e verdadeiro atrai talentos. E são os talentos que levarão você para a frente. Mais adiante discutiremos isso.

Bem, quando se fala em inovação, muitos associam essa palavra a transformações profundas, reestruturações massivas e investimentos caríssimos. No entanto, a verdade é que ela acontece em todos os níveis. Não apenas em projetos de alta escala e impacto social, como carros autônomos, drones e foguetes que nos levarão a Marte. Tudo isso é maravilhoso! Mas a inovação disruptiva também ocorre por meio de pequenos passos incrementais que nem sempre percebemos.

Vou dar um exemplo. Se você reparar como as pessoas se comunicavam por meio dos serviços de mensagens instantâneas, verá que muitas usavam ICQ, MSN Messenger e AOL Instant Messenger em meados dos anos 2000. Se perguntarmos quantas pessoas usam hoje essas tecnologias, serão poucas. Atualmente, Facebook Messenger, WhatsApp e

LIDERANÇA NÃO É MAIS DEFINIDA POR PATENTES. MAS PELA CAPACIDADE DE UM INDIVÍDUO OU UMA EMPRESA ATRAIR E MOTIVAR AS PESSOAS MAIS TALENTOSAS QUE EXISTEM.

Google Hangouts são bem mais populares. E no ambiente corporativo, várias empresas agora adotam o Slack. Dessa forma, a inovação disruptiva também ocorre em escalas menores. Jamais desconsidere, portanto, o impacto dessas transformações menos perceptíveis em relação às que acontecem em grandes proporções.

Assim, se você busca algo que funcione, seja em pequena ou grande escala, e de consumidores dispostos a pagar por isso, costumo dividir os processos que levam à inovação em três etapas: aprender, adaptar e ensinar. Parece fácil, né? Mas na prática é dificílimo. Isso porque, se você desenvolve um produto ou serviço novo, ainda não há entendimento sobre o que foi criado. Nem linguagem apropriada para comunicar o que até então não existia. As pessoas não pagam pelo que querem. Elas pagam por aquilo de que precisam! E "precisar" é muito mais forte que "querer". Como convencer alguém a precisar do que você criou?

1) APRENDER

Ao estabelecer algo novo, você ainda não tem uma linguagem própria para comunicar a importância do que criou. Por isso, o principal objetivo é aprender. Primeiro você aprende. Depois você compartilha. Na maioria das vezes, porém, não há ninguém para ensinar o que é novo. Eis, então, que surge uma das principais virtudes que diferenciam certas pessoas das demais. A autoaprendizagem. Isso separa precursores de seguidores, pioneiros de conformados. Não há professores para coisas que não existem. Ou você aprende sozinho ou você não evolui.

É por isso que muitos empreendedores bem-sucedidos nunca foram à escola. Ou desistiram no meio do caminho. Essa turma aprende por conta própria. Não precisa de ninguém. É disso que um profissional deve se alimentar. Desse hábito de ser um autodidata implacável. Um doutor em aprender sozinho. Que, em vez de esperar pelos outros, simplesmente vai atrás e obtém toneladas de conhecimento por si só.

2) ADAPTAR

Depois, é preciso traduzir o que aprendeu recentemente para uma linguagem em que outras pessoas também aprendam. E isso leva tempo. Uma coisa é você entender. Outra coisa são os outros. Você já deve ter conhecido aquela mente brilhante, que resolve sozinha os mais complexos problemas, mas que é incapaz de compartilhar o seu fantástico conhecimento com os demais, não? Que fala, fala, fala e mais confunde que esclarece. Pois é, não adianta usar palavras que só você compreende. É preciso adaptá-las para o mundo real e transportá-las ao vocabulário comum.

Mas para alguém realmente precisar da sua solução, e não apenas querer, não basta comunicar bem. É necessário influenciar. E a diferença é que influenciadores não compartilham palavras. Eles compartilham propósito. Transmitem a razão que os faz levantar a cabeça do travesseiro todos os dias para impactar positivamente a sua vida. Além disso, influenciadores não servem a todos. Eles servem a um. Adaptam o seu recado para um grupo específico de pessoas. Dessa forma, ao testar várias palavras e públicos distintos, você vai aos poucos definindo a linguagem e a audiência do seu produto ou serviço inovador.

3) ENSINAR

E assim que chegar à mensagem certa, você promove ao público certo. Ensina o que aprendeu usando as palavras da sua audiência, e não as suas. São as pessoas desse grupo que dirão: "Sim, entendi. Isso realmente é importante. Você me explicou por que tenho esse problema e preciso resolver". O passo seguinte, então, é elas iniciarem um relacionamento com você, comprando o seu produto ou usando o seu serviço. É assim que as pessoas mostram se você é um bom professor. Quando a oferta é especial, única e necessária a elas.

Há aqui um defeito que muitos cometem. O de ensinar uma quantidade enorme de conteúdo, mas não compartilhar o seu real valor. Bagagem de informação não representa nada. O que as pessoas devem verdadeiramente entender é o significado da sua oferta. Qual o grande benefício em usar o que está oferecendo. Você só será um bom professor quando os seus potenciais clientes perceberem que, além de terem aprendido sobre o seu produto ou serviço, sabem por que ele é importante.

Na prática, empreendedores e professores compartilham habilidades semelhantes. Para qualquer um dos dois, é necessário ser bom em aprender coisas novas, adaptar esse conhecimento para um vocabulário simples e ensinar outras pessoas não só o conteúdo, mas o seu verdadeiro propósito.

INSPIRAR O INIMAGINÁVEL

Em 1981, ano em que eu nasci, Steve Jobs deu a sua primeira entrevista ao vivo para uma grande emissora de televisão.[10] E de quebra, no horário nobre dos norte-americanos. Na época, o mundo vivia o boom dos computadores pessoais. A ideia de ter um equipamento desses em casa, até então impensável, começava a se tornar real. O repórter perguntou: "Muitos não entendem como os computadores funcionam. Acham que seremos controlados por eles. Há algum perigo de isso acontecer?". Jobs, um garoto de 26 anos, vibrante, radiante e cheio de motivação, respondeu: "Se você olhar para a revolução tecnológica que estamos vivendo, ela está transformando coisas muito centralizadas em algo democrático, individualizado e acessível às pessoas".

Ainda na TV, o criador da Apple mencionou uma pesquisa que mediu a eficiência de locomoção entre várias espécies da Terra, como pássaros, peixes e cachorros. O condor, que é uma ave, venceu. Ele precisou da menor quantidade de energia para se mover ao longo de certa distância. O desempenho do ser humano, no entanto, foi decepcionante. Um pesquisador, então, resolveu testar a nossa eficiência ao andar de bicicleta. E, pasmem, ela foi duas vezes maior que a dos condores.

Jobs comentou: "Esse exemplo ilustra a nossa capacidade de criar ferramentas para amplificar as habilidades humanas. Isso é o que estamos fazendo. A estrada para a bicicleta do século XXI está sendo pavimentada. No entanto, ela amplificará habilidades ligeiramente diferentes. Agora, certas partes da inteligência é que serão potencializadas. Os computadores irão libertar as pessoas dos trabalhos árduos e permitir que elas atuem em tarefas de natureza mais conceitual e criativa."

Reparou o nível da conversa? Isso era 1981. A mesma discussão que hoje é novidade para muita gente já existe há décadas. Historicamente, a tecnologia elimina tarefas ordinárias, que demandam pouca especialização, e cria atividades mais nobres, que exigem intensa aplicação de conhecimento. Evoluímos de uma sociedade que usava as mãos em todas as tarefas necessárias para sobreviver. Considere, por exemplo, plantar alimentos, tratar doenças e fazer contas. Não existiam tratores, equipamentos cirúrgicos e calculadoras. A humanidade dominava todos os processos que fazia. Agora, porém, usamos camadas tecnológicas em tudo. Sempre há um componente automatizado para obter o que queremos.

Uma população alfabetizada tecnologicamente é o maior recurso contra monopólios e políticas centralizadoras. Por isso, quero compartilhar com você alguns avanços incríveis que estão sendo feitos. Possibilidades inimagináveis pouco tempo atrás.

Em meados de 2050, a Terra terá quase 10 bilhões de habitantes.[11] Para suportar essa crescente população mundial, temos duas tarefas. A primeira é reduzir o desperdício. Todos os anos, cerca de 30% da comida mundial é jogada fora.[12] A segunda é aumentar a produção. Nos próximos 50 anos, precisaremos produzir mais alimentos que nos últimos 10 mil anos combinados.[13] Esse é o tamanho do desafio. Garantir as refeições para essa quantidade enorme de pessoas. Se a fome já é um problema hoje, imagine daqui alguns anos.

A Memphis Meats[14] fabrica carne em laboratório. A empresa usa pequenas amostras de células animais que se regeneram *in vitro*. O resultado é carne 100% real. Igual à tradicional. Além de não precisar matar o gado, esse método exige apenas 1% do terreno e 10% da água empregada hoje na pecuária.[15] Só para você ter ideia, 30% da superfície utilizável da Terra é atualmente coberta por pastagens destinadas à criação de animais para o abate.[16] Isso é muita coisa. Além de ser um método brutal e insuficiente para atender a futura demanda por alimentos, representa 40% das emissões globais de metano, um dos gases do efeito estufa.

A Finless Foods[17] produz peixes sem pescar. A Clara Foods[18] gera clara de ovos sem precisar de galinhas. Impossible Foods[19] e Beyond Meat[20] fazem hambúrguer utilizando plantas, com gosto, cheiro e textura da carne tradicional. É impressionante a transformação que esse setor atravessa. Em breve, os animais serão completamente removidos da produção de alimentos. Boa parte da comida que estará no seu prato passará a vir da ciência, e não mais do mar ou do campo.

UMA POPULAÇÃO ALFABETIZADA TECNOLOGICAMENTE É O MAIOR RECURSO CONTRA MONOPÓLIOS E POLÍTICAS CENTRALIZADORAS.

No passado, havia escravidão. Hoje, achamos isso um absurdo – e é um absurdo mesmo. Mas a sociedade daquela época achava normal. Da mesma forma, a maioria de nós aceita matar um animal para comer a sua carne. Na minha visão, nossos descendentes vão olhar para nós e dizer: "Caramba, como isso era possível? Eles matavam um animal para comer a sua carne?". Hoje, aceitamos. Amanhã, as futuras gerações possivelmente rejeitarão.

Na lavoura, meu amigo Fábio Teixeira faz algo incrível. Formado na International Space University, uma instituição focada em tecnologias aeroespaciais, ele fundou a Hypercubes.[21] A empresa constrói uma constelação de nanossatélites para escanear o nosso planeta a partir do espaço. Ela detectará a composição química de qualquer elemento na superfície da Terra. Será possível examinar uma fazenda e determinar, por exemplo, o nível de fertilidade do solo, a presença de espécies invasivas e a quantidade de nutrientes das plantas. O agricultor saberá, precisamente, qual fertilizante usar. Onde, quando e em que dose aplicar. E o volume de água necessária para irrigar. Tudo em tempo real e escala global. Será um grau de informação jamais visto que permitirá produzir mais alimentos, com menos recursos e menor impacto ambiental. A agricultura alcançará, em breve, o estado da arte.

Por falar em espaço, cada vez mais ele se torna uma extensão para projetos, negócios e organizações. Hoje, como os custos de exploração despencaram,[22] já há uma espécie de Sedex para lá. Empresas como SpaceX[23] e Orbital,[24] por exemplo, permitem cotar um frete para a nossa órbita assim como você cota um frete de caminhão. Além disso, impressoras 3D[25] foram instaladas na Estação Espacial Internacional. Com elas, em vez de mandar peças de metal por foguete, é possível mandá-las por e-mail. Em paralelo, testes bem-sucedidos transmitiram eletricidade pelo ar.[26] Isso abre caminho, portanto, para que a energia inesgotável do Sol seja coletada no espaço e transmitida pelo ar até a Terra.[27] Além dessas possibilidades malucas, ainda há quem trabalhe para colonizar Marte e transformar a nossa humanidade em uma sociedade multiplanetária.[28] Enfim, os motivos que estimulam a corrida espacial de hoje são bem diferentes dos que motivaram norte-americanos e soviéticos durante a Guerra Fria.

Dando sequência, 90% dos dados atuais da internet foram criados nos últimos dois anos.[29] Nunca produzimos tanta informação quanto hoje. Esse número, porém, só vai aumentar. Os 16 trilhões de gigabytes gerados em 2017 vão saltar para 44 trilhões em 2020[30] e 163 trilhões em 2025.[31] Ou seja, não haverá espaço suficiente nos servidores globais para guardar tanto conteúdo. Alternativas, obrigatoriamente, serão desenvolvidas. Uma delas é armazenar os dados nas moléculas de DNA.[32] Parece loucura, mas é isso mesmo. Como o DNA é um grande repositório de instruções genéticas que governa o desenvolvimento e as funções dos seres vivos, ele também pode ser usado para conservar outros tipos de conteúdo. Além de durar milhares de anos sem degradar, o DNA é 1 milhão de vezes mais denso que os melhores discos rígidos da atualidade.[33] Para você ter ideia, seria possível armazenar 200 milhões de DVDs em um grão de areia e todos os dados do mundo em uma carroceria de caminhão.[34] A Microsoft[35] e a startup Catalog[36] são exemplos de empresas que trabalham nisso.

Poderíamos falar também sobre mobilidade urbana. Mais de 1 milhão de indivíduos morrem anualmente em acidentes de carro. Só no Brasil, são quase 50 mil.[37] Essa é a principal causa de óbitos entre pessoas de 15 a 29 anos. No entanto, os veículos autônomos, que andam sozinhos, podem combater isso muito antes do que você imagina. Mais de 50 empresas têm autorização para testá-los nas ruas da

Califórnia. Uber, Apple, Tesla, Google, Ford, Honda, Nissan e BMW são algumas.[38] Já andei duas vezes no veículo feito pela Udacity,[39] uma universidade que forma profissionais para essa área. É incrível notar como isso deixou de ser futurismo e virou realidade. Estacionamentos serão afetados, pois esses veículos não precisam parar. Bem como a indústria das multas, pois eles não cometem infrações. Ou ainda as seguradoras e mecânicas, pois acidentes serão raros. Veremos, portanto, uma mudança e tanto.

Atualmente, 4 bilhões de pessoas estão conectadas à internet. Isso representa mais de 50% da população mundial.[40] No entanto, a taxa de crescimento de novos usuários é cada vez menor.[41] Ou seja, novas políticas de inclusão digital são necessárias. Principalmente em lugares afastados, pouco povoados e pobres. Como o custo para instalar uma estrutura de transmissão é alto, locais assim não atraem as empresas de telecomunicações. Entretanto, quando falta comida, educação e saúde, a internet não é um luxo secundário? Não. A conectividade leva informação, educação e conhecimento às pessoas. Agricultores podem planejar o plantio de acordo com o clima. Famílias têm condições de se conscientizar sobre doenças e tratamentos de saúde. Professores conseguem acessar novos cursos e melhorar o ensino das crianças. Os benefícios, então, são incontáveis.[42] Para promover isso, empreendedores já planejam formar uma rede com milhares de satélites na atmosfera para fornecer conectividade ao mundo inteiro.[43] O Facebook criou o projeto Aquila.[44] Ele usa drones autônomos movidos à energia solar para voar em grandes altitudes e distribuir internet à Terra. O Google, com o Projeto Loon,[45] utiliza a mesma estrutura de transmissão, mas por meio de balões na estratosfera. Com planos audaciosos como esses, a população mundial estará 100% on-line em breve.

Além disso, a empresa New Story[46] constrói casas com impressoras 3D por 4 mil dólares em menos de 24 horas.[47] Adidas[48] e Nike[49] desenvolvem iniciativas para massificar a impressão de tênis e reescrever a maneira como são fabricados. Vários laboratórios já trabalham para imprimir tecidos de órgãos humanos,[50] podendo não só acabar com a rejeição e a espera por transplantes, mas também aumentar a nossa expectativa de vida. Observe, então, quantas inovações incríveis estão nascendo. Daria para listar inúmeras outras. Mas o ponto principal é: soluções improváveis anos atrás hoje são reais. Elas já mudaram o nosso cotidiano nos últimos anos e continuarão impactando a forma como vivemos, trabalhamos e interagimos.

O PODER EXPONENCIAL DA TECNOLOGIA

Milhares de anos atrás, as únicas pessoas capazes de mudar o curso de uma região eram os reis e as rainhas. Há séculos, foram os grandes industriais. Hoje, é qualquer um. Qualquer indivíduo, na sociedade atual, pode criar algo e impactar uma região inteira. Não é mais preciso ser a Coca-Cola, a Ford ou outra empresa dessa magnitude para atingir bilhões de consumidores pelo mundo. Agora, homens e mulheres, instalados em uma salinha, têm condições de fazer isso.

Mas como é possível? O ser humano, historicamente, pensa sobre o futuro de maneira local e linear. Nossos antepassados, lá no tempo das cavernas, evoluíram em uma sociedade na qual tudo o que os afetava estava a alguns dias de caminhada. Se algo acontecesse no outro lado do planeta, portanto, eles jamais seriam impactados. Por isso, o pensamento era local. Não havia razão para se preocupar além das fronteiras visuais. Ao mesmo tempo, a vida era linear porque nada mudava de um século para outro. A geração dos avós, dos pais, dos filhos e dos netos era exatamente a mesma. Demorava muito tempo para algum fato interferir a vida daquelas pessoas.

Hoje, no entanto, habitamos um lugar bem diferente. Não é mais local e linear. É global e exponencial. Neste momento, se algo acontece do outro lado do planeta, por exemplo, somos impactados segundos depois. E as máquinas, milissegundos depois. O mundo, então, tornou-se nosso vizinho. Além disso, as mudanças não são mais de um século para outro. Ou de uma década para outra. Elas ocorrem de ano para ano, semestre para semestre, mês para mês. Enquanto as inovações do passado eram lentas, lineares e previsíveis, as atuais são rápidas, exponencias e inesperadas.

Dessa forma, o pensamento local e linear, típico do ser humano, está sendo desafiado pela característica global e exponencial da tecnologia. Isso, portanto, provoca um nó na cabeça de muita gente. Veja o gráfico a seguir. Há duas linhas. A reta representa você, eu e todos os seres humanos deste planeta. Ou seja, indivíduos, empresas e governos que pensam de modo linear e conservam essa condição há muito tempo. Desde os seus ancestrais.

Já a linha curva demonstra o poder computacional que suporta a criação de quase tudo o que você usa. Sensores, semicondutores, drones, impressoras 3D, inteligência artificial, robótica e várias outras tecnologias evoluem de maneira absurdamente rápida e exponencial. Elas, na verdade, são as grandes protagonistas das recentes transformações observadas na sociedade.[51]

A diferença entre o pensamento linear dos seres humanos e o crescimento exponencial da tecnologia pode gerar um risco trágico ou uma oportunidade épica. Depende do ponto de vista. Digamos que você é presidente de uma organização. Diariamente, suas preocupações envolvem vendas, funcionários e demais elementos da estrutura corporativa.

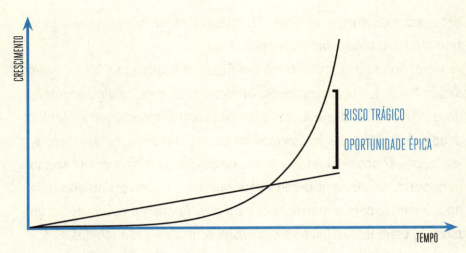
Pensamento linear humano *versus* característica exponencial da tecnologia.

De repente, surge um grupo de empreendedores. Sem nada a perder, eles criam uma solução melhor e mais eficiente que os atuais serviços da sua empresa. A tecnologia deles, então, começa a atrapalhar o seu negócio e avançar sobre o seu mercado. Para você, presidente, essa situação descreve um risco trágico. Para o grupo de empreendedores, porém, representa uma oportunidade épica.

Essa realidade, hoje, é mais comum que você imagina. Indiegogo[52] e Kickstarter,[53] por exemplo, são plataformas on-line de financiamento coletivo. Elas captam recursos de investidores espalhados pelo mundo para custear o crescimento de projetos e empresas. Tudo de maneira digital, simples e rápida. Ambas são alternativas à clássica indústria de *venture capital*.[54] O e-commerce Etsy[55] disponibiliza itens feitos à mão, materiais para artesanato e artigos vintage. Em vez de procurar esses objetos nas ruas, você os encontra no celular. TaskRabbit[56] ajuda pessoas a buscarem auxílio para tudo. Da jardinagem ao caminhão de mudanças. O sistema permite que qualquer indivíduo possa oferecer serviços à sua comunidade local. Isso, naturalmente, perturba agências de emprego e trabalho temporário. Instacart[57] oferece produtos de supermercados e os entrega em casa, no mesmo dia, eliminando a necessidade de ir às lojas físicas. Wikipedia[58] é uma enciclopédia digital que transformou a Barsa[59] em objeto decorativo. Coursera[60] entrega educação on-line como opção à tradicional sala de aula. Duolingo[61] ensina línguas a distância e desafia os cursos presenciais de idiomas. Sem contar Uber, Airbnb, Netflix, Spotify, Alibaba, Amazon e vários outros negócios construídos sobre estruturas tecnológicas exponenciais que desafiam o segmento convencional e linear onde estão inseridos.

Mas como o crescimento exponencial se parece? Bem, vamos supor que o seu passo mede 1 metro. Se eu pedir para você dar 30 passos lineares – 1, 2, 3, 4, 5, 6 e assim por diante –, é fácil dizer que a sua distância será de 30 metros no trigésimo passo. Qualquer pessoa vê isso. Além do mais, é fácil saber onde você estará após 5, 10 e 15 passos: a 5, 10 e 15 metros, respectivamente. Essa, então, é a forma como a maioria das pessoas pensam. Se há um vendedor que produz 1 milhão de reais por mês, dois vendedores produzirão 2 milhões, três produzirão 3 milhões. Negócios convencionais, portanto, são geridos assim.

O que acontece, porém, se eu pedir para você dar 30 passos exponenciais? Ou seja, 1, 2, 4, 16, 32, 64 e assim sucessivamente? Qual será a sua posição depois de dobrar 30 vezes seguidas o passo imediatamente anterior? Bem, no trigésimo passo, poucos indivíduos percebem que o passo seguinte os colocaria a um bilhão de metros de onde começaram. E que isso seria suficiente para dar 26 voltas no planeta Terra. Assim, a diferença entre o pensamento linear – que nos posiciona a 30 metros de distância - e o crescimento exponencial - que nos deixa a um passo de dar 26 voltas na Terra - é um dos principais motivadores para certas empresas prosperarem e outras não.[62]

Dessa forma, modelos de negócios que usam muita tecnologia estão transformando processos industriais, padrões de consumo e setores inteiros do mercado. Há um mar de oportunidades em todas as áreas. No entanto, é preciso entender o ciclo de evolução dessas tecnologias para aproveitar ao máximo as suas vantagens. Por isso, vou apresentar os *6 "Ds" do Crescimento Exponencial*. Criado por Peter Diamandis, essa sequência de 6 etapas mostra como as soluções digitais crescem.[63]

1. DIGITALIZAÇÃO

Para um negócio trilhar a curva dos 6 "Ds", ele precisa ser digitalizado. Tudo começa por aí. Sempre que uma solução é reduzida a um conjunto de 0 e 1, ela se torna digital, simples de ser acessada, compartilhada e distribuída. É fácil perceber que o texto foi digitalizado, do papel ao Word. Ou a música, do vinil ao MP3. Ou ainda as fotos e os vídeos, dos rolos fotográficos e cinematográficos aos arquivos que você salva no celular. No entanto, pouca gente percebe que os serviços financeiros estão sendo digitalizados, pois muitas soluções já são oferecidas por inteligência artificial, e não mais por profissionais humanos. O mesmo acontece com advogados, médicos e contadores. Parte das suas decisões já é tomada pelas máquinas. Além disso, indústrias fabricam produtos com impressoras 3D em substituição aos métodos tradicionais. Carros autônomos são guiados por computadores em vez de motoristas experientes. Universidades compartilham conteúdo on-line em complemento às salas de aula. A digitalização, portanto, é uma realidade em todos os mercados.

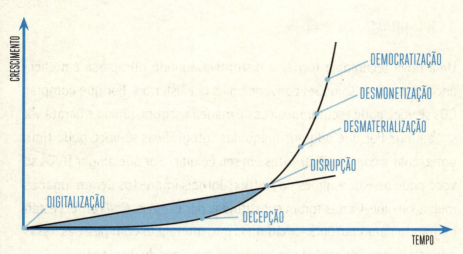
Os 6 "Ds" do Crescimento Exponencial, de Peter Diamandis.

2. DECEPÇÃO

Quando algo é digitalizado, as primeiras experiências são ruins. No passado, baixar arquivos MP3, por exemplo, era um pesadelo. Acessar a internet de madrugada, fazer o download por horas e correr o risco de pegar um vírus frustrava as pessoas. Como o resultado não supria o esforço, a população seguia comprando CDs. Esse período de decepção, portanto, é comum nas tecnologias exponenciais. Além disso, elas não parecem evoluir muito rápido no início. Em 1975, a Kodak inventou a câmera digital. Pesando quase 4 quilos, ela tirava fotos em preto e branco com 0,01 megapixel de resolução. Além da qualidade baixíssima, era difícil notar o progresso de 0,01 para 0,02, 0,04, 0,08, 0,16 e assim por diante. Afinal, 0,16 é tão ruim quanto 0,01. Esse é o conceito de uma curva exponencial. No começo, a diferença entre os avanços é pequena. Depois, é enorme.

3. DISRUPÇÃO

Uma nova tecnologia torna-se disruptiva quando ultrapassa em eficiência e custo as soluções convencionais já existentes. Por que comprar CDs se você pode escutar músicas de maneira segura, rápida e barata via streaming? Por que adquirir máquinas fotográficas se você pode tirar, armazenar e compartilhar fotos em seu celular? Por que alugar DVDs se você pode assistir a filmes na Netflix? Jornais impressos deram lugar às mídias on-line. Cartas foram substituídas por e-mails. *Call centers* estão migrando para *chatbots* – máquinas que interagem com pessoas. Essas e tantas outras inovações são exemplos clássicos de disrupção.

4. DESMATERIALIZAÇÃO

Após transformar um mercado tradicional e mudar as regras do jogo, as tecnologias desmaterializam produtos ou serviços. Ninguém se importava em ter um aparelho de GPS, seja TomTom ou Garmin, no painel do carro. No entanto, esse produto foi desmaterializado e virou um aplicativo de celular. Assim como calculadoras, agendas e escâneres. Rádios, despertadores e walkmans. Além do mais, lojas desaparecem em função dos sites de e-commerce. Concessionárias são desafiadas pelas vendas on-line de veículos. Agências bancárias entram em desuso por causa da digitalização dos seus serviços. Dessa forma, a tecnologia é capaz de fazer elementos físicos sumirem.

5. DESMONETIZAÇÃO

Depois da desmaterialização, o acesso a essas tecnologias se torna muito barato. É quando ocorre a desmonetização. Ou seja, o dinheiro é praticamente removido da equação. Nesse momento, você pode baixar aplicativos no celular, acessar toneladas de informações e utilizar múltiplos serviços sem pagar quase nada. Pense na câmera de alta resolução, filmadora, sistema de teleconferência, aplicativo meteorológico e outras funcionalidades que antes eram caras. Hoje, porém, um smartphone é capaz de comportar um conjunto de recursos que custava mais de 1 milhão de dólares em 1980.[64]

6. DEMOCRATIZAÇÃO

Quando algo se torna desmaterializado e desmonetizado, mais pessoas têm acesso. Aqui, então, o consumo explode e se torna democrático. Nesse caso, tecnologias poderosas não ficam mais restritas a organizações, governos ou classes privilegiadas da população. Agora, qualquer indivíduo do planeta pode usá-las para acessar novos produtos, serviços e fontes de receita.

CAPÍTULO 3

O AMANHÃ

INTELIGÊNCIA ARTIFICIAL

Como você está lendo, inúmeros avanços estão pousando juntos e embaralhando a visão das pessoas. A convergência deles, portanto, acelera mudanças, transforma sociedades e exige novas capacidades para profissionais e empresas. Não é objetivo deste livro aprofundar cada umas das tecnologias exponenciais que provocam essa metamorfose sem precedentes. Até porque há obras incríveis que tratam puramente disso. No entanto, vou dedicar atenção a uma delas.

Na minha visão, a Inteligência Artificial (IA) é uma das mais poderosas ferramentas deste século. Ela está por trás de todos os impactos que indivíduos, carreiras e negócios vão passar. Sociedades, governos e nações vão enfrentar. Por isso, quero você ciente das suas características. Então, convidei um especialista para expor esse tópico. Cristiano Oliveira fundou a Spring Wireless, líder global em soluções móveis para empresas. Na sequência, após um período sabático no Alasca, juntou-se a Lucas Moraes para criar a Olivia,[65] um serviço de finanças pessoais que usa IA para ajudar você a fazer mais com o seu dinheiro.

A partir de agora, então, seu guia nos próximos parágrafos será o brasileiro Cris.

1. INTRODUÇÃO

A Inteligência Artificial é uma das mais fascinantes ciências da atualidade. Máquinas inteligentes, com capacidade de aprender, raciocinar e decidir sozinhas, capturam o nosso imaginário e abrem um universo de possibilidades. Veículos autônomos eliminam acidentes e congestionamentos, salvando vidas e economizando tempo. Equipamentos médicos oferecem diagnósticos precoces e precisos, aumentando chances de cura e reduzindo efeitos colaterais. Assistentes virtuais entendem as pessoas cada vez melhor, ajudando-as a tomar decisões mais rápidas, precisas e favoráveis.

Possivelmente, ela será a maior inovação tecnológica desde a popularização da internet. Seu potencial de reinventar o nosso mundo é imenso. Ao mesmo tempo, porém, esse universo de oportunidades assusta. Vários questionamentos de ordem econômica, social e existencial surgem. Que soluções, de fato, se materializarão em produtos e serviços? O que acontecerá com os motoristas quando os veículos forem autônomos? A robotização da medicina tornará o sistema de saúde mais democrático? Como nos relacionaremos com máquinas que se comunicam diretamente conosco? Qual o significado do ser humano em um planeta dominado por robôs?

Bem, ainda não há respostas claras para isso. Até porque o futuro da Inteligência Artificial está sendo construído agora, neste exato momento. Assim, para lhe ajudar a compreender esse futuro, apresentarei definições, aplicações e potenciais impactos dessa tecnologia.

2. DEFINIÇÃO

Desde a Antiguidade, a Inteligência Artificial está presente em histórias de personagens inanimados que adquirem consciência e inteligência graças aos seus criadores, sejam eles deuses, sejam pessoas agindo como deuses. Enquanto Homero já citava em poemas gregos os robôs feitos pelo deus Hefesto, o cientista Vitor deu vida à própria criação – o Frankenstein – em um clássico do século XIX.[66]

No entanto, a formalização dessa tecnologia como campo de pesquisa e desenvolvimento científico só ocorreu na metade do século passado. Naquela época, o britânico Alan Turing publicou um artigo no qual não apenas questionou se as máquinas eram capazes de pensar, como também sugeriu um teste para verificar isso – chamado Teste de Turing.[67] Mas foi logo depois, em 1956, que um grupo de cientistas se reuniu na universidade norte-americana de Dartmouth para estabelecer, finalmente, a definição de Inteligência Artificial que conhecemos hoje.[68] Nós, humanos, assim como outros animais, possuímos a chamada Inteligência Natural. Graças à capacidade cognitiva do nosso cérebro, adquirimos conhecimento e compreendemos o mundo por meio dos sentidos, das experiências e do raciocínio.[69] Quando um sistema ou uma máquina é capaz de reproduzir essa capacidade, dizemos que ela é dotada, então, de Inteligência Artificial. Esse é o seu significado.

Até o final dos anos 1990, ela passou por euforias e desilusões. Muito foi investido em pesquisas, mas poucos resultados foram gerados. Na sequência, porém, uma inovação mudou para sempre esse cenário: o surgimento da internet. Um volume sem precedentes de dados começou a circular pelo mundo e estruturas remotas passaram a processar e armazenar informações em *nuvem*. Essa combinação de alta quantidade de dados, capacidade de armazenamento e poder de processamento, então, estabeleceu um terreno fértil para a evolução das técnicas de Inteligência Artificial, como *Machine Learning* (Aprendizado de Máquina) e *Deep Learning* (Aprendizado Profundo). Ambas são capazes de aprender a executar algo só com análise e interpretação de dados. Não há necessidade, portanto, de alguém programar um código para informar à máquina o que ela deve fazer.

Imagine, por exemplo, que você vai ensinar alguém a andar de bicicleta. Mesmo explicando o passo a passo para se equilibrar, é praticamente impossível uma pessoa aprender sem antes tentar e cair várias vezes. Essa analogia, então, serve para diferenciar *Machine Learning* e *Deep Learning* de outras técnicas de programação tradicional. O robô baseado em Inteligência Artificial, por exemplo, aprenderia a andar de bicicleta coletando dados de todas as tentativas bem-sucedidas e fracassadas de se equilibrar. Dessa forma, ele obteria essa habilidade sozinho. Em contrapartida, o robô convencional precisaria receber códigos de programação detalhados para informá-lo sobre as infinitas situações que podem acontecer ao andar de bicicleta. Nesse caso, ele não conseguiria aprender por conta própria. Atividades como essa, portanto, são difíceis de reproduzir com os métodos habituais de desenvolvimento de software.

3. TIPOS DE INTELIGÊNCIA ARTIFICIAL

Para você entender melhor como essa tecnologia funciona, mostrarei dois tipos de Inteligência Artificial. O primeiro é a *Inteligência Geral Artificial* (IGA). Capaz de realizar qualquer tarefa intelectual do ser humano, ela tem capacidade cognitiva, é aprovada no *Teste de Turing* – mencionado antes – e pode ter consciência. Um exemplo de IGA é o Exterminador do Futuro,[70] eternizado por Hollywood nas telas do cinema. A existência de uma criatura dessas na natureza teria implicações econômicas, sociais e até existenciais. Chega a ser loucura pensar nisso. Os mais otimistas estimam que será possível transplantar a consciência humana para essas máquinas e eternizar a nossa vida. Os mais pessimistas acreditam que seremos dominados pelos robôs e isso acabará com a nossa espécie. A boa notícia, porém, é que estamos longe de uma realidade dessas. Por enquanto, ela ficará restrita à ficção científica.

O segundo tipo é a *Inteligência Estreita Artificial* (IEA). Ela não possui capacidade cognitiva, não passa no *Teste de Turing* e não tem consciência. Serve, porém, para resolver problemas bem específicos. Um exemplo de IEA é o AlphaGo,[71] sistema criado pela empresa DeepMind para jogar Go, aquele complicado jogo de tabuleiro chinês. Como referência, o xadrez possui cerca de 10^{47} posições possíveis no tabuleiro. Já o Go possui 2×10^{170}. Ou seja, ele tem *1* seguido de *123* zeros mais possibilidades que o xadrez.[72] Complexo, não? Bem, AlphaGo não só venceu o maior mestre de Go de todos os tempos, como também desenvolveu o próprio estilo de jogar.

É esse tipo de Inteligência Artificial, portanto, que fará cada vez mais parte de nossa vida. Os assistentes virtuais, como Siri, Alexa e Google Home, são outro exemplo. Diariamente, milhares de pessoas os utilizam para perguntar sobre gastronomia, eventos e outras informações. A reação de cada usuário, então, é interpretada e armazenada pelo sistema. Ao cruzar esses dados, ele se adapta aos hábitos dos usuários, entende diferentes sotaques e até prevê seus desejos.

4. IMPACTOS

Pouco tempo atrás, se você encontrasse uma empresa de tecnologia em ascensão e perguntasse qual era o seu negócio, ela responderia que era de internet. Hoje, de fato, a internet evoluiu para a economia inteira e praticamente todas as organizações a utilizam.

O mesmo fenômeno ocorrerá com a Inteligência Artificial. Atualmente, só um grupo seleto de companhias domina esse conhecimento. No entanto, ela seguirá o caminho da internet e estará em todos os segmentos de mercado. Seu uso, assim, se tornará parte do nosso cotidiano. Você pode não saber, mas ela já está presente em vários serviços do seu dia a dia, como buscar notícias na internet, ler publicações nas redes sociais e navegar pelas ruas da sua cidade. Tudo isso já utiliza essa tecnologia com sucesso. O futuro, porém, reserva aplicações bem mais abrangentes e profundas.

Qualquer tarefa repetitiva, que exige grande volume de dados, análises e reconhecimento de padrões é forte candidata para receber aplicações de Inteligência Artificial. Bem como os processos que envolvem alto grau de incerteza e necessidade de decisões rápidas. Visão computacional, por exemplo, é um deles. Essa ciência reproduz a visão humana por meio de computadores. Se, para nós, uma imagem vale mais que mil palavras, para as máquinas, vale mais que milhões de pixels. Descrever o conteúdo de uma figura, por exemplo, exige analisar, comparar e identificar toneladas de pontinhos. Lidar com várias incertezas. E repetir isso milhares de vezes. O problema torna-se ainda maior com vídeos, em função dos movimentos e das mudanças de ambiente. Em breve, computadores serão capazes de descrever quantidades massivas de fotos e filmes em tempo real, abrindo possibilidades para evoluir a saúde, educação, agricultura e várias outras indústrias.

Ao ler isso, então, você pode estar pensando: se as máquinas são superiores às pessoas em várias atividades, sobrará algo para nós? Bem, deixarei essa resposta para o Maurício. No tópico seguinte deste livro – *O futuro do que fazemos* –, ele aborda justamente isso.

OS DADOS SÃO O NOVO PETRÓLEO.

5. CONCLUSÃO

Em 2007, 5 das 10 empresas públicas mais valiosas do mundo eram de exploração de petróleo. Em 2017, porém, 7 das 10 eram negócios de tecnologia, que acumulam grande quantidade de dados sobre pessoas, empresas e transações.[73] Essa mudança, então, fez muitos especialistas declararem que os dados são o novo petróleo.[74] No entanto, só estamos no início dessa revolução. O impacto da Inteligência Artificial na sociedade será tão grande quanto o das máquinas na Revolução Industrial. Ao ser capaz de identificar as oportunidades geradas por evoluções como essa, você estará em posição privilegiada para participar desse novo ciclo de geração de valor, progresso e riqueza.

O FUTURO DO QUE FAZEMOS

Jamais nos preocupamos tanto com o futuro do trabalho. Máquinas automáticas, potentes e pensantes não param de desafiar as atividades humanas. Milhões de funcionários, dessa forma, podem se tornar inúteis em pouco tempo. Empregos correm o risco de sumir. Carreiras, de desaparecer. E toda essa angústia, portanto, toma conta das pessoas. Os avanços tecnológicos, que já transformaram negócios, mercados e indústrias, provocarão mudanças ainda mais profundas na sociedade. A capacidade de aprender novas habilidades, então, será fundamental para quem deseja se manter relevante.

De acordo com o Fórum Econômico Mundial,[75] 65% das crianças da atual primeira série vão trabalhar em atividades completamente novas que ainda não existem. Veja o tamanho do desafio. Em breve, essa garotada exercerá o seu poder de compra na sociedade. No entanto, não temos ideia de onde vão trabalhar. O que nós, pessoas, empresas

"65% DAS CRIANÇAS DA ATUAL PRIMEIRA SÉRIE VÃO TRABALHAR EM ATIVIDADES COMPLETAMENTE NOVAS QUE AINDA NÃO EXISTEM."

Fórum Econômico Mundial

e nações, precisamos fazer hoje para atender os anseios futuros dessa turma? Devemos continuar fazendo o que fizemos até aqui? Ou estimular novas competências pouco exploradas até então?

Por onde eu vou, perguntas sobre esse tema são frequentes. Quando as máquinas fizerem tudo, o que os indivíduos farão? Quais trabalhos restarão às pessoas? Como os trabalhadores competirão com a tecnologia? Afinal, ela é mais barata, rápida e inteligente do que nós. Não dorme nem almoça. Não fica doente nem tira férias. Para muita gente, então, o futuro do trabalho é um lugar sombrio, escuro e turbulento, que desafia o ser humano e torna as nossas virtudes supérfluas.

Esse medo, porém, existe há séculos. Em 1516, Thomas Morus escreveu *Utopia*. Ele narrou as potenciais consequências geradas pela expulsão dos trabalhadores do campo para as cidades.[76] Em 1812, no Movimento Ludista, artesãos protestaram contra a industrialização, atacaram fábricas e queimaram equipamentos. Eles acreditavam que as máquinas roubariam o seu sustento.[77] Em 1964, um relatório chamado *The Triple Revolution*,[78] elaborado por pesquisadores, incluindo dois laureados com o Prêmio Nobel,[79] foi entregue ao presidente dos Estados Unidos. Ao mostrar que o país estava à beira de uma crise causada pela automação, o texto previa milhões de desempregados no futuro.[80] Dessa forma, como você pode ver, essa discussão não é recente. Ela já ocorreu várias vezes. A notável evolução tecnológica da atualidade, portanto, apenas reacendeu um debate praticado há anos.

A tecnologia transformará indústrias inteiras. Isso é fato. Para muita gente, a consequência será catastrófica. O robô substituirá empregos, a nossa inteligência será inútil e a humanidade viverá um caos social sem precedentes. Naturalmente, essa é uma forma de pensar. Respeito, pois ninguém tem condições de prever o que verdadeiramente acontecerá. Entretanto, não compartilho. No meu entendimento, enquanto inúmeras atividades serão extintas, outras serão criadas. Modernas indústrias vão surgir. Trabalhos diferentes vão aparecer. E todo o progresso atual fará você viver melhor. Mas, para desfrutar isso, será preciso desenvolver novas capacidades. Muitas pessoas terão dificuldade para se adaptar. Acharão difícil eliminar habilidades adquiridas ao longo da vida e desenvolver novas. Na verdade, ninguém gosta de mudar. As transformações, em geral, são dolorosas para a maioria das pessoas. Nunca foi fácil. Nem nunca será. No entanto, somente quem entender o impacto das novas tecnologias nas relações de trabalho estará apto a evoluir profissionalmente.

Para você ter ideia, em uma das suas últimas aparições, Martin Luther King aborda isso. O ativista político norte-americano foi assassinado em 4 de abril de 1968. No entanto, cinco dias antes, ele proferiu o discurso "Permanecendo Acordado ao Longo de uma Grande Revolução".[81] Diante de uma plateia de jovens, ele descreveu como muitas pessoas estavam vivendo em uma época de profundas transformações sociais e falhando em desenvolver as atitudes demandadas por aquele novo período. Ele insistiu para os adolescentes manterem os olhos abertos, pois quem ignorasse as mudanças em curso se afastaria das oportunidades geradas pelas recentes inovações.[82]

Em 2013, pesquisadores de Oxford realizaram um estudo sobre o futuro do trabalho. Eles concluíram que 47% dos atuais empregos podem ser substituídos pelas máquinas.[83] Ou seja, 1 em cada 2 postos de trabalho está condenado. A inteligência artificial, narrada pelo Cris anteriormente, é uma das tecnologias que mais contribuem para essa previsão. Nela, os computadores aprendem por meio de dados e reproduzem decisões que só os humanos eram capazes de formular. Como você leu, suas aplicações começaram a ser vistas com mais frequência nos anos 1990. Elas avaliavam, por exemplo, o risco de crédito dos pedidos de empréstimo, o CEP das cartas escritas à mão e as jogadas de uma partida de xadrez. De lá para cá, porém, muita coisa evoluiu.

Agora, realizamos tarefas bem mais complexas. Em 2012, a plataforma Kaggle,[84] que promove competições entre programadores pelo mundo, lançou uma campanha aos seus membros. A tarefa era construir um sistema para avaliar as redações dos alunos do ensino médio. Os algoritmos vencedores foram capazes de dar as mesmas notas que os professores humanos. Já em 2015, o desafio foi mais difícil: tirar fotos do nosso olho e diagnosticar uma doença ocular chamada retinopatia diabética, que afeta os pequenos vasos da retina. Novamente, os algoritmos vencedores foram capazes de dar o mesmo diagnóstico dos oftalmologistas.[85]

Ao prover os dados corretos, portanto, as máquinas superarão os seres humanos em tarefas como essas. E de maneira cada vez mais veloz, precisa e acessível. Infelizmente, não há romantismo nisso. Um professor pode ler 10 mil redações ao longo de uma carreira. Um oftalmologista pode analisar 50 mil olhos. Já um computador, no entanto, consegue ler infinitas redações e analisar milhões de olhos em poucos minutos. Não temos como competir, assim, em tarefas repetitivas que exigem grande quantidade de dados, análises e reconhecimento de padrões.

Consequentemente, isso fará com que todo serviço profissional básico se torne muito rápido, assertivo e barato. Se um indivíduo, por exemplo, precisar de uma simples assessoria jurídica, contábil ou financeira, em poucos minutos ele obterá uma resposta confiável e pagará um preço muito baixo. Para você ter ideia, 60 milhões de desacordos entre comerciantes do eBay são resolvidos anualmente usando uma "resolução de disputas on-line" em vez de advogados e juízes. Mais de 50 milhões de norte-americanos preparam o seu imposto de renda por meio de contadores on-line em vez de humanos.[86] E mais de 50% das operações realizadas na bolsa de valores dos Estados Unidos já são feitas com robôs de alta frequência, que usam algoritmos para disparar ordens de compra e venda em milésimos de segundo.[87] O mesmo vale para cotações de seguros, diagnósticos médicos e centrais de atendimento. As tarefas mais simples de uma indústria, que exigem menor grau de especialização, serão realizadas pela tecnologia.

Dessa forma, as máquinas têm larga vantagem sobre os trabalhos humanos sistematizados, que seguem checklists, fluxos e metodologias. Nessas áreas, além de mais eficientes que nós, elas se tornam cada vez melhores. Assim, profissionais que atuam no nível mais básico do seu ofício e não desenvolvem novas capacidades, tendem a reduzir consideravelmente o padrão de vida.

Ao mesmo tempo, essa nova realidade está transformando a disposição piramidal clássica das empresas. Aquela mesma que você estudou desde criança. Até alguns anos atrás, enquanto poucos funcionários se posicionavam no topo das organizações, em cargos que exigiam mais conhecimento e habilidades intelectuais, a maioria se encontrava na base da estrutura, geralmente em funções mais rotineiras. Isso, porém, está mudando. Com o avanço da tecnologia sobre as atividades menos especializadas, a pirâmide está virando um losango. Ou seja, todos os trabalhadores que atuavam na base da companhia agora precisam se capacitar, realizar afazeres mais complexos e assumir posições mais elevadas, pois as tarefas que executavam estão sendo automatizadas. Chamo isso, então, de *teoria do losango organizacional*. Nela, poucos empregados continuarão no alto das corporações, a maior parte estará em níveis intermediários e poucos também ocuparão os empregos menos qualificados. O número de pessoas na base caminha para ser igual ou menor que no topo.

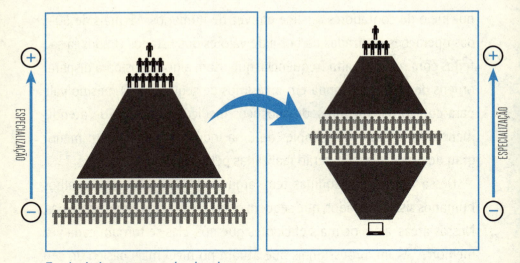

Teoria do losango organizacional:
estrutura piramidal clássica das empresas está virando um losango.

No entanto, há ocasiões em que o desempenho humano supera o das máquinas. Elas, por exemplo, têm dificuldades para enfrentar novas situações. Lidar com circunstâncias inéditas, portanto, é um desafio enorme. Em geral, a inteligência artificial precisa aprender com base em um grande volume de dados passados. Nós, pelo contrário, não temos essa limitação. O talento para conectar temas aparentemente distintos e solucionar problemas jamais vistos é uma característica da nossa espécie.

Em 1945, durante a Segunda Guerra Mundial, o físico Percy Spencer trabalhava com radares. Esses equipamentos utilizam micro-ondas para detectar a distância, a velocidade e outras informações de objetos afastados. Certo dia, ao trabalhar com um radar ativo, ele notou que o chocolate do seu bolso havia derretido. Assim, Spencer conectou o seu conhecimento sobre radiação eletromagnética com a necessidade de cozinhar alimentos para inventar o forno de micro-ondas.[88] Este, claro, é um exemplo notável de criatividade. Mas, ao mesmo tempo, representa uma situação que acontece com você centenas de vezes por dia, de pequenas maneiras e em várias situações. Constantemente, nos deparamos com fatos aparentemente desconexos, elementos supostamente distantes e ocorrências que não se relacionam entre si. Enquanto os seres humanos têm perícia para cruzar episódios inesperados, as máquinas sofrem quando é preciso lidar com novos eventos.

O que isso significa, então, para o futuro do que você faz? Bem, o destino de qualquer atividade encontra-se na resposta a duas perguntas: 1) Até que ponto o seu trabalho é redutível a tarefas repetitivas que exigem grande quantidade de dados, análises e reconhecimento de padrões? 2) Até que ponto ele envolve novas situações? Como foi dito, as máquinas estão mais e mais inteligentes em determinadas áreas. Isso diminuirá a demanda por vários tipos de profissionais. Não haverá espaço, portanto, aos que desejam atuar no nível básico da indústria. É preciso assumir, inevitavelmente, novas competências para se destacar na economia atual.

Em 2017, o então presidente do Deutsche Bank, uma das maiores instituições financeiras do mundo, fez uma declaração que resume bem o presente momento: "Em nosso banco, temos pessoas trabalhando como robôs. Amanhã, teremos robôs se comportando como pessoas. Não importa se nós, enquanto instituição, participaremos ou não dessas mudanças. Elas vão acontecer".[89]

NOVAS EXIGÊNCIAS

Como você leu até aqui, o mundo caminha para ser bem diferente em pouco tempo. Em função da maior acessibilidade, da diminuição dos custos e da convergência tecnológica, várias inovações estão desembarcando juntas e democratizando praticamente tudo. Essa nova realidade, portanto, muda drasticamente as exigências de pessoas e empresas. Na medida em que os avanços acontecem, portanto, uma tarefa monumental surge: desaprender o modo como você trabalha há décadas e desenvolver novas capacidades para se manter competitivo.

Segundo o Fórum Econômico Mundial, 35% das habilidades consideradas importantes na atual força de trabalho mudarão daqui cinco anos.[90] Por isso, nos próximos capítulos, vou apresentar 5 competências que, no meu entendimento, são fundamentais para você, indivíduo ou organização, estar na vanguarda da sua carreira ou da sua indústria. São elas:

1. CAUSAR IMPACTO

Causar impacto significa mudar a vida das pessoas e transformar a sociedade. Para isso, nunca foi tão importante ter um propósito. Batalhar por algo muito além de trabalho, produto ou serviço. Construir relações profissionais para mobilizar o ser humano de tal modo que a busca isolada por lucros não é capaz de fazer. No capítulo 4, entre vários assuntos, você conhecerá as 3 ações para causar impacto e os 3 "Rs" para avaliar o envolvimento do seu público com algo recém-lançado. Em um mundo onde a fartura de opções é cada vez maior, tudo começa pelo impacto que você deseja provocar.

2. OLHAR A PRÓXIMA CURVA

Até hoje, a maior parte das pessoas e dos negócios se definem com base naquilo que fazem e não no benefício que entregam. Essa atitude aumenta as suas chances de se tornar obsoleto. Você produz gelo ou entrega uma forma de conservar alimentos e manter as bebidas frias? De nada adianta ser a melhor fábrica de gelo quando já existe o refrigerador. No capítulo 5, então, mostrarei técnicas para você enxergar a próxima curva da sua indústria. Os *Três Horizontes de Crescimento*, por exemplo, fornecem uma estrutura para avaliar potenciais oportunidades sem negligenciar a sua atividade atual.

3. QUESTIONAR EM VEZ DE TER A RESPOSTA PRONTA

Lamentavelmente, crescemos em um modelo educacional que privilegia o aluno que responde na hora. No entanto, em função das atuais tecnologias estarem alterando normas, regras e padrões, ao não questionar as verdades, suas chances de ficar para trás são enormes. Moedas virtuais, por exemplo, desafiam acordos do mercado financeiro. Aplicativos de compartilhamento de corrida mudam leis municipais. No capítulo 6, portanto, você aprenderá técnicas para desenvolver habilidades questionadoras. Seja em sua vida, sua profissão ou seu ambiente de trabalho.

4. FAZER COM AS PESSOAS EM VEZ DE PARA ELAS

Neste mundo de rápidas mudanças, seu projeto incrível de hoje perderá atração amanhã. Isso é fato. Dessa forma, é vital considerar o seu potencial cliente no processo produtivo. Estimule feedbacks. Peça sugestões. Faça com eles, não para eles. É a opinião desses indivíduos que constrói e promove um negócio. Não a sua. No capítulo 7, portanto, compartilharei maneiras para lidar com o declínio das estratégias de massa e o crescimento das ações individuais. Hoje, pela primeira vez na história, é possível criar experiências personalizadas em escala, amplitude e abrangência global.

"35% DAS COMPETÊNCIAS CONSIDERADAS IMPORTANTES NA ATUAL FORÇA DE TRABALHO MUDARÃO DAQUI 5 ANOS."

Fórum Econômico Mundial

5. SER DIVERSO

Ao conviver, conversar e almoçar sempre com as mesmas pessoas, possivelmente você chegará sempre às mesmas soluções. É muito difícil algo atípico, extraordinário e surpreendente surgir dos relacionamentos habituais. A criatividade só nasce, na verdade, quando compartilhamos as nossas ideias com indivíduos diferentes de nós. Quando nos expomos ao inusitado. A diversidade de pensamento, portanto, é fundamental para produzir soluções únicas e singulares. No capítulo 8, mostrarei a importância das alianças imprevisíveis para explorar novas possibilidades.

CAPÍTULO 4

CAUSAR IMPACTO

PROPÓSITO

Começar um negócio e sobreviver na economia de hoje é difícil. Mas as pessoas e empresas que conseguem têm algo em comum. Elas não buscam apenas lucro. Elas buscam propósito. Trabalham para encantar, inspirar e transformar vidas. Ter um propósito é o primeiro passo para causar impacto. Para mobilizar as pessoas de tal modo que a busca isolada por lucros não é capaz de fazer. Pois propósito não significa dinheiro, poder ou prestígio. Nem mesmo um ambiente divertido para trabalhar. Propósito significa construir significado. Compartilhar valores. Alimentar o ser humano com o combustível que verdadeiramente o faz andar.

Uma organização sem propósito gerencia pessoas. Uma empresa com propósito as mobiliza. Esse é o ingrediente-chave de uma cultura organizacional forte, sustentável e duradoura. O elemento intangível capaz de impulsionar toda uma corporação. Um propósito refere-se à razão pela qual um negócio existe. Mas não é só isso. É o elemento essencial para construir equipes, criar produtos e entregar serviços. É o motivador

UMA ORGANIZAÇÃO SEM PROPÓSITO GERENCIA PESSOAS. UMA EMPRESA COM PROPÓSITO AS MOBILIZA.

que conecta pessoas diferentes com interesses iguais. É a base para perpetuar princípios, valores e convicções. Enfim, é a crença fundamental de tudo o que você faz.

Ao criar um projeto baseado em propósito, funcionários não trabalham para você. Clientes não compram o seu produto. Investidores não investem no seu negócio. Quando há um propósito claro, funcionários, clientes e investidores fazem algo muito mais profundo. Eles passam a acreditar no que você acredita. Sonhar o que você sonha. Amar o que você ama. As pessoas podem não se apaixonar por você. Tudo bem. Mas elas se rendem a sua causa.

É claro que nenhum negócio, grande ou pequeno, sobrevive no longo prazo sem dinheiro. No entanto, quem se concentra nisso cria relações baseadas em simples transações financeiras. Que espremem os clientes para obter cada centavo do seu bolso. Sem fazer nenhum esforço para estabelecer uma verdadeira proposta de valor. É o que acontece, por exemplo, quando alguns bancos, com a sua feroz intenção de impulsionar os lucros, vendem serviços a clientes que claramente não precisam deles. Ou quando empresas, para diminuir seus custos, reduzem o tamanho de produtos e não alteram os seus preços, esperando que ninguém perceba. É o tipo de situação que faz qualquer consumidor se sentir otário, tolo e idiota. Esse tipo de atitude imediatista não beneficia ninguém no longo prazo. Cada vez mais, precisamos de relações impulsionadas por valores, e não por lucro.

No Japão, existem mais de 20 mil negócios com idade superior a 100 anos.[91] Alguns, inclusive, são milenares. Entre eles, está o hotel Nishiyama Onsen Keiunkan. Fundado em 705 e com mais de 1.300 anos de vida, trata-se de uma das mais primitivas empresas em operação no mundo. Em 2011, foi reconhecido pelo Guinness Book como o hotel mais antigo do planeta.[92] Mas qual é o segredo da longevidade? De acordo com o professor Makoto Kanda,[93] que estuda essas organizações de longa data há décadas, o motivo se baseia na crença de que existe algo maior do que simplesmente o lucro. Dessa forma, esses negócios são capazes de se adaptar às condições de mudança sem serem distraídos pela busca de dinheiro no curto prazo.

Se você quer construir algo neste mundo que muda rapidamente, repense suas prioridades. Veja isso. A CVS é uma das maiores varejistas farmacêuticas dos Estados Unidos. Além de remédios, você encontra de tudo. Alimentos, cosméticos e demais farturas de que os norte-americanos gostam. Bem, pode parecer estranho, mas ela também vendia cigarros. E isso representava cerca de 2 bilhões de dólares em faturamento anual.[94] O que passou pela cabeça da pessoa que, em 2014, decidiu proibir a venda desse produto em todas as quase 8 mil lojas da companhia? Que dispensou uma receita bilionária da noite para o dia? E impactou mais de 65 milhões de consumidores? Pois é, a explicação para isso chama-se propósito. Vender algo responsável pela morte de quase 500 mil norte-americanos por ano não reflete o compromisso da CVS em zelar pela saúde dos seus clientes. Como consequência, uma pesquisa divulgada em 2017 mostrou que 38% dos fumantes que compravam cigarros exclusivamente na CVS se tornaram menos propensos a comprar tabaco em outros lugares.[95]

E quanto ao Google? A cultura da empresa já é bem difundida. Mas repare o propósito: organizar a informação do mundo e torná-la universalmente acessível e útil. Tudo feito por eles converge para esse objetivo. Da ferramenta de busca ao Gmail. Do Maps ao Google Home. Do Analytics ao AdWords. Centenas de novos produtos, tecnologias e serviços são rascunhados para cumprir essa finalidade. E como informação é poder, ao democratizá-la, o Google não só organiza os dados do mundo, mas também contribui para diminuir as diferenças do nosso planeta.

Bem, você já deve ter percebido. Um propósito é o que faz tudo ter valor. É algo que você constrói. Não que você encontra. Seja em pequenas, médias e grandes empresas. Defenda um objetivo maior do que só vender produtos e serviços. Encontre um motivo superior para orientar suas decisões e inspirar quem o cerca. Em vez de ganhar corridas curtas, você vencerá longas maratonas.

TRÊS AÇÕES PARA CAUSAR IMPACTO

Pergunte a um grupo de recém-formados o que eles querem fazer depois da graduação. As chances são mínimas de alguém responder: "Quero trabalhar em uma fabricante de produtos de limpeza e higiene pessoal". Pois bem, a norte-americana Seventh Generation,[96] que atua nesse segmento e foi comprada pela Unilever em 2016, é uma das grandes empregadoras de jovens entre 20 e 30 anos. A empresa fabrica produtos aparentemente não tentadores, como sabonetes, amaciantes e papéis higiênicos. Mas tudo o que ela faz tem um propósito de impacto maior: inspirar uma revolução no consumo que nutrirá a saúde das próximas sete gerações.

Causar impacto não significa escrever uma frase bacana. Com o tempo, as ações falam mais alto que as palavras. Assim, um texto solitário não basta. É preciso viver o seu propósito. Incorporá-lo em suas ações. Associá-lo a tudo o que você faz. A Seventh Generation, por exemplo, encoraja os consumidores a secarem suas roupas no varal em vez de na secadora.[97] Atitude ousada, pois vai contra um dos seus próprios produtos – um amaciante em folhas para máquinas de secar. Mas vai a favor de toda uma mudança que a empresa deseja causar na sua indústria. Essa autenticidade inspira uma lealdade que nenhum outro tipo de posicionamento é capaz de criar.

Como empresa, é importante pensar nas razões pelas quais você está nesse negócio. Pois, quando há um propósito autêntico, há um elo de confiança. Há uma relação baseada em ideais, e não em promoções. E quando isso ocorre, produtos e serviços são acolhidos mesmo que não sejam os mais baratos.

Muita gente me pergunta como é possível causar impacto. Bem, ao longo da minha experiência profissional, construindo negócios e assistindo a centenas de outros, observo 3 características comuns às empresas que conseguem um lugar de destaque na preferência do seu público.

1) MELHORAR A QUALIDADE DE VIDA

Para impactar positivamente as pessoas, você deve melhorar a vida delas. Quando fui sócio da XP Investimentos, lá no início da operação, queríamos mudar a forma como os brasileiros investiam o seu dinheiro. Essa era a motivação que nos guiava. Nosso desejo era aumentar a qualidade da vida financeira da população. Educar os clientes para aplicarem melhor os seus recursos. Mostrar alternativas às altas taxas cobradas pelas instituições tradicionais. As corretoras e os bancos nos detestavam. Éramos *persona non grata* no clubinho dos poderosos. Mas não estávamos nem aí.

Nosso trabalho era empoderar. Entregar conhecimento. Capacitar indivíduos. Muitos saíam dos nossos cursos e iam direto perguntar ao gerente do banco: "Como você foi capaz de me oferecer um produto tão ruim?". Aquela era a motivação que mantinha todos na mesma direção. Que nos deu união para passar pelos momentos difíceis. E que nos fez crescer por meio da recomendação dos próprios clientes. Esse era o nosso mantra. Levantávamos todas as manhãs pensando em como melhorar as finanças dos brasileiros.

Empresas fundamentalmente criadas para mudar o mundo e transformá-lo em um lugar melhor são aquelas que realmente o fazem. Esses são os negócios que avançam no longo prazo. E para alcançar isso, ter um propósito é fundamental. Repare, porém, que mudar o mundo não significa ser necessariamente global. O seu mundo pode ser a casa, o bairro, a cidade ou o país onde mora. O ponto aqui é: não faz sentido apoiar negócios que não sejam guiados imperativamente à melhoria de algum aspecto que nos cerca. Torne a vida melhor com o que pretende construir.

2) CORRIGIR O ERRADO

Para impactar positivamente alguém, é preciso corrigir implacavelmente os erros quando surgem. No exato momento em que alguém detecta. Isso não significa resolver hoje, amanhã ou depois. Significa resolver agora. Foi-se o tempo em que um negócio podia conviver com altos níveis de insatisfação e ainda ser lucrativo o suficiente para prosperar. Em um mundo de escassez, onde havia poucos concorrentes, essa cena era possível. Empresas transformavam clientes em reféns. Construíam uma cela e jogavam todos na prisão. Ao descobrir uma solução melhor e decidir trocar, era preciso se preparar para uma verdadeira guerra rumo à liberdade.

Já hoje, nesta completa democratização de tudo, em que fartura e abundância prevalecem, se algum problema acontece e você não corrige, há uma dezena de opções disponíveis, inclusive mais baratas e melhores que a sua. Erros vão acontecer. Falhas fazem parte da jornada. Se encontrar algo errado ao seu redor, resolva na hora. Com unhas e dentes. Se você não fizer isso, outra pessoa fará.

3) PROLONGAR O CERTO

Ao encontrar algo de que as pessoas gostam, um produto ou serviço que é bom e com índices de satisfação elevados, previna o seu fim. Prolongue o que dá certo. Invista a sua energia para melhorar ainda mais a experiência que já é positiva. Essa é a maior prova de que você está impactando e mudando vidas. Explore novos públicos e mercados. Crie variações. Faça os bons feedbacks terem vida longa.

No meio de 2015, comecei as atividades da StartSe no Vale do Silício. O objetivo era construir uma ponte entre esse incrível centro global de inovação e o Brasil. Não tínhamos nada. Conhecíamos poucas pessoas. Mas, mesmo assim, começamos a criar produtos. Tentamos por um ano, mas nada emplacou. Em agosto de 2016, porém, notamos algo diferente. Tínhamos realizado uma imersão que levou 13 brasileiros para lá. Eram empreendedores, investidores, executivos da Natura, do Itaú e de outras empresas. Foram cinco dias de intensidade máxima. Das 7 horas da manhã às 10 horas da noite. Com 30 minutos para o almoço e 30 para o jantar. Uma verdadeira loucura. Um banho de conhecimento sobre como os negócios da região nascem, crescem e ganham escala. Eu e todos os participantes terminamos exaustos. Literalmente acabados.

A surpresa veio depois, quando os primeiros feedbacks chegaram. As respostas que recebi foram fantásticas. Jamais imaginava ler, de um alto executivo, que os dias sem descanso haviam quebrado paradigmas de uma vida inteira. Ou de um investidor, que mencionou a semana frenética como uma das melhores da sua vida. O ritmo surreal das atividades, que era um dos meus medos, foi uma das principais virtudes. Ele acabou nos diferenciando de outros programas que mais fazem turismo do que verdadeiramente transferem conhecimento. Para completar, esses 13 indivíduos nos recomendaram para muita gente. E em menos de uma semana, a segunda turma já estava esgotada. Sem fazer nenhuma propaganda ou divulgação.

Havíamos, finalmente, encontrado algo de valor. Depois de um ano, criamos um produto adorado pelas pessoas. O passo seguinte, então, foi prolongar isso. Maximizar o que havia dado certo. Começamos a oferecer esse produto mensalmente. Customizamos para empresas. Criamos um novo formato com turmas de 100 pessoas. Lançamos um curso on-line. Montamos uma conferência no Brasil. Realizamos versões para a Índia, China e Israel. Tudo como consequência daquela primeira imersão feita lá atrás.

Velocidade é o nome do jogo. Ao primeiro sinal positivo dos clientes, prolongue o que gerou essa experiência. Invista criatividade nisso. Essa é a sua oportunidade mais clara de diferenciação. Afinal, se você criou algo bom, o seu campo de batalhas estará logo cheio. Muita gente fará o que você fez. E alguns farão ainda melhor.

Mas como identificar se um produto ou serviço está dando certo? Qual é o momento de priorizá-lo? Bem, vou lhe mostrar algo que aprendi no Vale do Silício. É simples, mas ajuda. Se você é familiarizado com a indústria de diamantes, provavelmente já ouviu sobre os 4 "Cs" que determinam a atratividade e o consequente valor de uma pedra: corte, cor, claridade e carat (peso). Da mesma forma, se você pretende criar algo, físico ou digital, é vital encontrar uma forma de avaliar a aceitação do que criou. Para isso, foi desenvolvido o sistema dos 3 "Rs". Ele é usado para mensurar o grau de envolvimento das pessoas com um produto ou serviço recém-lançado. Veja:

Reconhecimento: O primeiro "R" verifica se um público realmente reconhece uma proposta de valor. Ele indica se os potenciais clientes entenderam a razão pela qual a sua solução existe. E se estão dispostos a pagar o preço que você estabeleceu. O que valida essas hipóteses é o ato da compra. Quando um indivíduo faz isso, intuitivamente se identifica com o problema que você resolve e acha justo ser cobrado por isso.

Repetição: Comprar é diferente de gostar. As pessoas podem entender a sua proposta de valor e pagar por ela. Mas, até aqui, não há garantia de satisfação. Lembre-se: você já deve ter comprado algo e se decepcionado. Por algum motivo, a sensação desejada não estava lá. Quando isso ocorre, você não compra de novo. O segundo "R" revela se as pessoas gostaram do que usaram. Ao repetir uma compra, o consumidor inconscientemente dá *like* na experiência que teve.

Recomendação: O último "R" é a chave para identificar se um produto caiu nas graças do público. Além de reconhecer a sua proposta de valor e comprá-la repetidas vezes, os clientes também podem recomendá-la espontaneamente. Se isso acontecer, caro leitor ou leitora, você tem algo especial nas mãos. Nada é mais poderoso que o bom e velho boca a boca, agora potencializado pela tecnologia. São essas soluções que precisam ser prolongadas.

Assim, esses 3 "Rs" ajudam a identificar a atratividade de um produto ou serviço. Ao gerar reconhecimento, repetição e recomendação para algo que criou, você transforma clientes em advogados da sua marca. Cria defensores do seu negócio. Produz uma legião de replicadores de tudo o que você faz e acredita.

CULTURA DE IRMÃOS E IRMÃS

Há inúmeros motivos para construir negócios baseados em propósito. Vou mostrar-lhe três.

MANTER VOCÊ NO TRILHO

Digamos que você vai à academia. Quer se exercitar. Permanece lá por uma hora. Ao voltar e se olhar no espelho, que mudança verá? Nenhuma. E se for de novo no dia seguinte. Gasta energia e volta. Que alteração aparecerá no espelho? Mais uma vez, nenhuma. É por esse motivo que muita gente desiste. Pois é fácil supor que o esforço não está valendo a pena. Nem sendo efetivo. Afinal, as pessoas malham, cansam e suam. Mas, quando retornam para casa, não enxergam resultado.

Ou você acredita que essa é a forma correta de agir ou joga a toalha e abandona. As pessoas só se comprometem com um desafio quando enxergam algo especial no que fazem. Quando há uma motivação maior. Aí sim elas seguem em frente. Vão com tudo. Com persistência e determinação. Às vezes, podem deslizar. Comer um chocolate. Pular um dia ou dois. Mas, se realizarem de maneira consistente os treinamentos, elas não necessariamente saberão o dia exato em que entrarão em forma. Mas saberão que um dia vão entrar.

Isso também vale para relacionamentos. Pense no seguinte. Dá para precisar quando o amor entre duas pessoas surge? O dia exato? O divisor de águas? Não dá, né? Ninguém acorda, aperta um botão e faz o amor nascer. Esse sentimento aparece ao longo do tempo. É o resultado de uma acumulação de pequenas coisas. De várias atitudes que, uma a uma, constroem o amor.

Assim, não há um evento específico para entrar em forma ou amar alguém. Há uma sequência de inúmeras pequenas atividades para alcançar isso. Um exercício de dedicação e consistência. Não basta escovar os dentes 3 vezes por dia. É preciso escovar todos os dias, 3 vezes por dia, durante um ano. É a consistência que manterá seus dentes em ordem. Assim como a academia. Passar nove horas malhando durante um dia não melhora o seu corpo. Mas malhar trinta minutos, todos os dias, vai melhorar.

Construir uma carreira é uma acumulação de várias pequenas coisas. Uma execução contínua de inúmeras práticas diárias que, isoladamente, são inúteis. Literalmente ineficazes quando observadas sozinhas. Pois, uma a uma, não têm sentido. O que de fato importa, porém, é a soma de cada uma delas. É a repetição de todas as tarefas simples que você faz. O cumprimento regular dessas pequenas coisas. Isso é o que construirá a sua carreira e dará sentido à sua jornada.

Dessa forma, tenha um propósito forte, que impacte você e o meio onde vive. Só ele é capaz de mantê-lo no trilho. Saiba que serão vários dias, fazendo a mesma coisa, sem ver resultado algum. E na ausência de uma causa, seu projeto não o fortalece. Ele o fragiliza. Pois os desafios, principalmente no início, são muito maiores que os resultados que você consegue enxergar.

ATRAIR TALENTOS

A geração que entra hoje no mercado de trabalho está prestes a mudar o mundo. Aos poucos, ela provoca uma revolução silenciosa que redefinirá a sociedade que conhecemos hoje. Crescida em uma década de valorização intensa da infância, com internet, computador e educação mais sofisticada que as gerações anteriores, essa turma não tolera atividades que não fazem sentido e simplesmente rejeitam tudo o que não agrega valor à sua vida.

A Geração Z compreende quem nasceu entre 1995 e 2010.[98] Surgida depois dos milênios, ela sabe que as regras do passado não funcionam mais. E que as do futuro estão sendo por ela inventadas. Concebida na era digital, abundante e democrática, essa turma foi acostumada a pedir e ter o que sempre quis. Como resultado de uma criação superprotetora, que os chamou de "melhores" desde criança, esses jovens desenvolveram uma fonte inesgotável de energia e coragem para fazer do mundo o lugar que eles querem. E, naturalmente, isso se torna um problema para pais, professores e empresas.

É um problema porque esses jovens estão customizando a própria existência. Impondo o seu jeito de ser em tudo. Uma área de Recursos Humanos não pode ainda acreditar que é possível atrair os talentos do país com apenas um descritivo de atividades do cargo. Pasmem! Isso é ultrapassadíssimo. Talentos não vão para uma entrevista. Eles vão para uma conversa. Para um diálogo. Para um papo de igual para igual sobre valores, ideias e propósitos. Essa turma funciona por meio de redes interpessoais nas quais todos têm a mesma importância. Não existe hierarquia. Existe respeito.

Não consigo imaginar um prodígio da atual geração, impaciente, rebelde e anarquista, prestes a poluir uma organização com ideias frescas e ousadas, sentado em uma salinha. Como candidato – que palavra defasada – em um processo seletivo que busca preencher os tais requisitos de uma vaga. Isso não é apenas insuficiente, como é pouco atraente aos que desejam construir uma história, deixar um legado e impactar a sociedade em que vivem. Não contrate pessoas para falar o que elas devem fazer. Contrate para elas falarem o que você precisa fazer. Compartilhe a razão pela qual o seu negócio existe, os desafios que tem pela frente e deixe essa turma em paz.

Por isso, causar impacto é fundamental para atrair talentos. Estamos diante de uma geração que não se entrega mais por um contracheque no final do mês. Ela quer um propósito. Um lugar que sirva de trampolim para transformar o mundo. Mesmo apresentando traços individualistas

NÃO CONTRATE PESSOAS PARA FALAR O QUE ELAS DEVEM FAZER. CONTRATE PARA ELAS FALAREM O QUE VOCÊ PRECISA FAZER.

e focados nas próprias recompensas, essa turma tem uma consciência social profunda. Sem enxergar no seu projeto uma oportunidade clara para fazer a diferença onde vivem, os talentos de hoje investirão a sua genialidade longe de você.

CONSTRUIR UMA CULTURA DE IRMÃOS E IRMÃS

Nos negócios, você tem colegas de trabalho. Nas Forças Armadas dos Estados Unidos, eles têm irmãos e irmãs.[99] É assim que os militares norte-americanos pensam um a respeito do outro. Se você tem uma cultura corporativa forte, as pessoas se relacionam entre si como irmãos e irmãs. Com respeito profundo e verdadeiro. Elas podem brigar e bater boca, mas a consideração nunca acaba. De que forma é possível, então, criar um senso de irmãos e irmãs entre estranhos? Como fazer pessoas nascidas de diferentes pais se adorarem como se fossem da mesma família?

Ao longo da minha vida, só vi uma maneira de fazer isso. Por meio de crenças comuns. Valores comuns. E propósitos comuns. Tenho orgulho de ter sócios que compartilham inquietudes iguais às minhas. Fomos atraídos pelas mesmas vontades e desejos. Esse é o ponto inicial. A partir daí, procuramos talentos que cultivam os mesmos ideais que nos movem. Buscamos, basicamente, alinhamento de interesses. Uma vez que eles se juntam a nós, ensinamos o que é preciso. Disciplinamos o que é vital. E ajudamos a construírem autoconfiança de tal modo que consigam conquistar conosco algo muito maior do que poderiam alcançar sozinhos. Isso é liderança! Uma absoluta devoção pelos indivíduos que comprometem a própria vida por um empreendimento.

Quando o propósito dos sócios e dos colaboradores está alinhado, a condição para irmãos e irmãs existirem é estabelecida. Todos estão ali pela mesma razão. Sabem aonde querem chegar. E reconhecem o valor das diferenças. Entendem que um lugar feito de iguais não gera ousadia alguma. Que desentendimentos acontecem. E que os mesmos se resolvem. Exatamente como em uma família. Pois há um porquê soberano que mantém a união de todos. Que dá sentido ao negócio. E que constitui, junto com as pessoas, o seio de uma organização. Isso é mais importante, inclusive, que a própria organização em si. Pois você não constrói uma empresa. Você constrói um time. E o time constrói a empresa.

Tudo bem. Você pode não alcançar uma cultura corporativa na qual os trabalhadores realmente se comportam como irmãos e irmãs de sangue. Mas, se caminhar eternamente nessa direção, o valor coletivo da conexão entre as pessoas será muito maior que a soma dos seus valores individuais.

Assim, independentemente de você estar desenvolvendo uma carreira, lançando um projeto ou construindo uma empresa, em um mundo onde a fartura de opções é cada vez maior, tudo começa com o impacto que a sua atividade causará. Isso é uma espécie de ímã para atrair pessoas e organizações que valorizam o mesmo propósito que o seu. E para gerar conexões muito mais sólidas e duradouras que as geradas por simples transações comerciais.

VOCÊ NÃO CONSTRÓI UMA EMPRESA. VOCÊ CONSTRÓI UM TIME. E O TIME CONSTRÓI A EMPRESA.

CAPÍTULO 5

OLHAR A PRÓXIMA CURVA

A INDÚSTRIA DO GELO

Por volta de 1850, a indústria do gelo começou a decolar nos Estados Unidos.[100] Naquela época, para pessoas e empresas terem acesso a blocos de água congelada, existiam os chamados colhedores de gelo. Esses trabalhadores, que dependiam de temperaturas extremamente baixas, esperavam ansiosamente o inverno chegar. Quando isso acontecia, mudavam-se para as regiões mais frias do país, procuravam lagos gelificados e faziam a colheita do gelo.

Esse processo, de algum modo, era parecido com o da colheita de grãos. Cavalos andavam sobre as áreas de água congelada puxando uma espécie de arado que ia cortando o gelo com as suas lâminas. Os blocos resultantes dessa atividade eram armazenados em grandes galpões antes de serem enviados de carroça, trem ou barco para os seus destinos.

O negócio tornou-se tão lucrativo que os norte-americanos não só construíram uma rede nacional de distribuição de gelo, como também começaram a exportá-lo para o resto do mundo. O crescimento desse mercado permitiu o consumo de uma ampla variedade de novos produtos, mudando para sempre os nossos hábitos e a história de inúmeras indústrias. O gelo apresentou uma nova forma de preservar alimentos pré-cozidos e sobras de comida. Revolucionou o setor de carnes e hortifrúti, uma vez que permitiu o transporte desses alimentos para longas distâncias. Possibilitou o crescimento do setor pesqueiro, que passou a armazenar seus peixes por mais tempo. E ainda passou a esfriar bebidas e popularizou o sorvete, produto até então restrito às elites.

Em função desses avanços, os colhedores precisaram inovar seus processos para atender à crescente demanda por gelo. Mas, nessa época, o que era inovação? Bem, inovação, para esses colhedores, era ter mais cavalos, animais mais fortes, arados mais resistentes e lâminas mais afiadas. Esse era o conceito de inovação. Ser um perito cortador de gelo. Levar essa técnica ao estado da arte. Quanto melhor e mais rápido fosse o processo de cortar a água congelada dos lagos, mais gelo um colhedor produziria. E mais lucros, consequentemente, ele teria. Por décadas, isso é o que foi feito.

Em meados de 1900, porém, um feito transformou essa indústria. Engenheiros encontraram uma forma de congelar artificialmente a água. E em função dessa descoberta, surgiram as fábricas de gelo. Uau! Que evolução sem precedentes. As fábricas acabaram com a dependência do frio. Ninguém mais precisava aguardar o inverno chegar para obter gelo. Agora, era possível produzi-lo 24 horas por dia, 7 dias por semana, 365 dias por ano.

E como as fábricas eram construídas perto das cidades, o produto ficou próximo do consumidor. Todo o sistema criado para transportá-lo globalmente perdeu importância. Pois assim que o gelo estava pronto, entregadores o distribuíam em residências e empresas. Era comum os clientes deixarem um cartão nas janelas para informar a quantidade de gelo que queriam. Dessa forma, com a ascensão das fábricas, os colhedores entraram em colapso e se tornaram rapidamente insignificantes.

Mas, a partir de 1930, com a redução do preço dos motores elétricos usados para congelar a água, outra evolução mudou o curso dessa indústria. Eis que surge o refrigerador doméstico. Mais uma transformação marcante. Novamente, um divisor de águas. A sociedade, que já não precisava dos colhedores, agora também não precisava das fábricas. Pois cada cidadão passou a fabricar o próprio gelo, no conforto do próprio lar. Logo, o refrigerador ganhou popularidade e se tornou comum nas casas norte-americanas.

Bem, você deve estar se perguntando: que diabos essa história tem a ver com este livro? O fato é o seguinte. Nenhum colhedor de gelo se transformou em uma fábrica de gelo. E nenhuma fábrica de gelo se transformou em uma fábrica de refrigeradores. Isso ocorreu porque, até hoje, a maioria das empresas define-se com base naquilo que fazem e não no benefício que entregam.

Se eu me defino como alguém que corta a água congelada de um lago, serei sempre um colhedor de gelo. Se eu me defino como alguém que produz gelo artificialmente, serei sempre uma fábrica de gelo. E se eu me defino como alguém que desenvolve utensílios domésticos para congelar a água, irei sempre fabricar refrigeradores. O importante não é o que você faz. É a vantagem que você oferece. Pouco importa para os consumidores se o gelo virá de lagos, fábricas ou refrigeradores. O que eles querem é conservar os alimentos. Gelar a bebida. E se refrescar no verão. É para isso que o gelo existe.

Dessa forma, procure focar nos benefícios que o seu negócio produz em oposição aos processos executados para gerá-los. Só assim você enxergará a próxima curva da sua indústria. Avistará o próximo avanço do seu mercado. E será capaz de implementar as mudanças necessárias para continuar entregando às pessoas o que realmente querem. Pois não é o comportamento dos consumidores que muda. É a técnica que evolui. É a habilidade de se adaptar às transformações tecnológicas em curso que o manterá na vanguarda do seu segmento.

Veja isso. A necessidade de gelo não mudou. Ela se manteve constante. Foi a técnica para levá-lo às pessoas que evoluiu. Assistir a filmes e relaxar em casa é um hábito antigo. Antes, usávamos videocassete. Depois, DVDs. Já hoje, baixamos da internet. Processar textos é uma necessidade milenar. No passado, usávamos canetas. Em seguida, máquinas de escrever. Atualmente, o Word. E amanhã, quem sabe, assistentes virtuais que escutarão a nossa voz e registrarão o que deve ser escrito. Mesma coisa com fotografias, usadas para registrar os bons momentos da vida. Das câmeras analógicas e digitais, fomos parar nos celulares. Observe que as necessidades do ser humano são contínuas. Elas não se alteram. São as técnicas que atendem a essas necessidades que se transformam.

Ao dominar o processo de canibalização do próprio produto, você obtém a liderança de mercado.[101] Quando falo isso para alguns empresários, muitos se assustam. Mas é a pura verdade. No momento em que você encontra a fórmula para matar o seu produto atual e criar a próxima geração dele, você avança à dianteira da sua indústria. E se não fizer isso, outra pessoa o fará. Escutei essa frase do Vinícius David, diretor global de produtos da HP. A empresa, que começou em 1939 fabricando osciladores de áudio, hoje produz impressoras 3D, reescreve a manufatura global e trabalha para vivermos em um mundo sem estoque. Um histórico de se reinventar sempre.

Quanto mais uma pessoa faz algo, mais especialista ela é. Melhor é a sua capacidade de realizar a mesma coisa repetidas vezes. Quando isso ocorre, dificilmente alguém consegue executar melhor, mais rápido e

AO DOMINAR O PROCESSO DE CANIBALIZAÇÃO DO SEU PRÓPRIO PRODUTO, VOCÊ OBTÉM A LIDERANÇA DE MERCADO.

gastando menos que ela. Por um lado, isso é bom. Por outro, pode gerar uma miopia perigosíssima. Pois a excessiva atenção às atuais atividades, que fazem dessa pessoa uma especialista, dificulta a adoção de novas técnicas que ela ainda não tem. Cuja especialidade ela ainda não domina. A tendência desse indivíduo é querer seguir o mesmo caminho sempre. É ser um perito fabricante de CDs quando o MP3 despontou no mundo. É produzir magníficas enciclopédias quando o Google veio à tona. Dói abandonar a sua especialidade quando ninguém mais precisa dela. Por isso, não se apaixone pelo trabalho que você faz, mas pelo benefício que o seu trabalho gera.

Nas corporações, acontece o mesmo. Muitas empresas se apoiam em planos de negócios. Geralmente de cinco anos. Esse é o clássico jeito norte-americano de gestão. Muito usado também no Brasil. Diretores estabelecem objetivos, gestores definem atividades e colaboradores as executam. Foco é trabalhar, bater metas e ganhar bônus de vez em quando. Nada pode distrair o time ou alterar o plano. Afinal, muitos negócios obtiveram sucesso fazendo a mesma coisa durante anos. Para que mudar? Infelizmente, isso não funciona mais. Nada que era considerado inovação cinco anos atrás continua relevante hoje. Planejamentos de meia década não funcionam mais. Estimar algo para daqui cinco anos significa fazer projeções para um mundo que não existe.

OS HORIZONTES DE CRESCIMENTO

Como é possível, então, enxergar a próxima curva? Em 2017, conheci Steve Blank.[102] Acadêmico respeitadíssimo, ele é o criador das bases do movimento Startup Enxuta, popularizado mundialmente por Eric Ries em livro de mesmo nome.[103] A conversa que tivemos foi sobre inovação. Sobre como gerenciar um conjunto de atividades para sustentar o crescimento

NÃO SE APAIXONE PELO TRABALHO QUE VOCÊ FAZ, MAS PELO BENEFÍCIO QUE O SEU TRABALHO GERA.

atual e futuro de algo. Na época, ele trabalhava com o Departamento de Defesa e Inteligência dos Estados Unidos para transferir a cultura inovadora das empresas de tecnologia à segurança pública norte-americana. Em um café, compartilhou comigo o que estava fazendo.

De uma forma geral, quando projetos e negócios amadurecem, enfrentam uma diminuição no seu ritmo de crescimento na medida em que a inovação dá lugar à inércia. Para ir além, você deve ser capaz de executar as tarefas existentes enquanto considera novas áreas que podem evoluir posteriormente. De uma forma simples, direta e objetiva, é preciso gerenciar o trabalho atual e maximizar as oportunidades futuras. Tudo ao mesmo tempo.

Em 2000, consultores da McKinsey & Company criaram uma abordagem conhecida como os *Três Horizontes de Crescimento*. Cada horizonte descreve o grau de maturidade de uma empresa e o risco das suas atividades. Além disso, ele fornece uma estrutura para você avaliar potenciais oportunidades sem negligenciar a sua performance atual. O modelo foi introduzido pela primeira vez no livro *A alquimia do crescimento*,[104] com a premissa de que um negócio deve ter iniciativas em cada um dos três horizontes para obter um crescimento sustentável. Isso permite financiar projetos futuros por meio das receitas obtidas atualmente.

As atividades de cada um dos horizontes são avaliadas de maneira diferente. Se você usar os mesmos indicadores para comparar produtos já estabelecidos e rentáveis com projetos novos e não lucrativos, as experimentações jamais vencerão. E as descobertas nunca serão estimuladas. No entanto, o faturamento que lhe manterá vivo nos próximos anos não virá das soluções vendidas hoje. Virá das novas. Assim, ao classificar suas atividades e distribuir seus investimentos nesses três horizontes, você é capaz de manter o que faz enquanto prepara o seu negócio para o futuro. Foi isso que Steve Blank me disse.

HORIZONTE 1: PAGAR AS CONTAS

Aqui, um negócio trabalha as inovações incrementais. O objetivo é melhorar os produtos e serviços que suportam os clientes atuais. Você já conhece o seu consumidor, tem um modelo de negócios estabelecido e sabe como ganhar dinheiro. Então, nesse estágio, seu foco é aperfeiçoar a engrenagem rotineira e as ações de costume. Muitas vezes, o resultado desse esforço gera redução de custos e aumento de eficiência. Ao longo do tempo, porém, o crescimento e a lucratividade dos projetos do Horizonte 1 diminuem. Por isso, eles precisam ser substituídos.

HORIZONTE 2: CONSTRUIR AS PRÓXIMAS SOLUÇÕES

Nesse estágio, você trabalha para construir a solução que substituirá o seu carro-chefe atual. Os projetos desenvolvidos aqui podem gerar receita, mas poucos já são lucrativos neste momento. Assim, como ainda não faz sentido avaliá-los por rentabilidade, utilize indicadores relacionados à tração, capazes de mensurar velocidade, progresso e aceitação de novos produtos ou serviços. O importante é identificar se existe mercado para as soluções criadas. Veja 5 exemplos:

1. Quantos clientes reais pagam e usam a sua solução?

Esqueça familiares, amigos e pessoas que usam de graça. Observe apenas quem faz parte do seu público-alvo e paga o preço cheio.

2. Qual a taxa de crescimento de usuários?

Desconsidere o resultado das campanhas iniciais de marketing. Avalie se o número de usuários aumenta de maneira orgânica e recorrente.

3. Você aumenta a sua participação de mercado?

Tração não significa obter clientes por meio da expansão para outras geografias. Isso não é viável no longo prazo. Se poucos clientes usam a sua solução em um mercado, possivelmente poucos também usarão em outro. Antes de expandir, faça os ajustes necessários onde está e consolide-se localmente. Em geral, percentuais de participação de mercado inferiores a 1% indicam baixa tração.

4. A receita por cliente aumenta?

Quando a receita média gerada pelos usuários aumenta, isso significa recorrência. Ou seja, não são pessoas testando um produto. São indivíduos comprando mais de uma vez. Aprovando a experiência que estão vivendo. O indicador *Lifetime Value* (LTV) mensura isso. Ele informa quanto um cliente gasta com os seus produtos ou serviços durante todo o relacionamento que você mantém com ele.

5. O custo de aquisição de clientes diminui?

Na medida em que você aumenta a aceitação de um produto ou serviço, o Custo de Aquisição de Clientes (CAC) diminui. A fórmula é simples. Basta dividir todas as despesas associadas à conquista de novos consumidores pelo total de usuários obtidos em um período. Se o CAC estiver subindo, você está perdendo tração.

Esses indicadores são muito usados pelas startups. Com eles, é possível identificar modelos de negócios viáveis para novos produtos e serviços. A relação entre LTV e CAC, por exemplo, é um excelente termômetro. Quando a proporção entre eles é 1:1, o retorno gerado pelos clientes é igual ao custo necessário para adquiri-los. Isso não é bom. Buscar uma proporção mínima de 3:1 é o ideal. Ou seja, o cliente deve retornar pelo menos 3 vezes o capital investido na sua aquisição.

Ao identificar que algo ganhou tração, capitalize de imediato essa oportunidade. Haverá muita gente querendo preencher o espaço recém-criado. Velocidade é o nome do jogo e escalabilidade é fundamental. Assim, transfira esse projeto para o Horizonte 1. E confie essa mudança a indivíduos fanáticos por tomar decisões rápidas e baseadas em dados. Achismo, aqui, não funciona.

Na XP Investimentos, quando os assessores ofereciam produtos de renda variável, cobrávamos dos clientes um percentual sobre o valor investido. O total a pagar aumentava ou diminuía se o volume transacionado fosse maior ou menor. Esse era o Horizonte 1. Em paralelo, começamos a testar a cobrança de uma taxa fixa. Independentemente da quantia movimentada, o cliente pagaria sempre o mesmo valor. Esse era o Horizonte 2. Rapidamente, essa modalidade ganhou tração, tornou-se viável e virou Horizonte 1. Pouco tempo depois, o mercado inteiro passou a oferecê-la.

Veja. A XP vendia um produto e cobrava de um jeito. O esforço no Horizonte 1 era melhorar a forma de cobrança, aperfeiçoar o método usado e aumentar a eficiência. Já no Horizonte 2, o jeito de cobrar não foi melhorado. Ele foi alterado. De variável, passou a ser fixo. E se a XP criasse, por exemplo, um sistema de inteligência artificial para oferecer suas soluções por meio de robôs em vez de assessores, esse seria o Horizonte 3. E é sobre ele que você lerá a seguir.

HORIZONTE 3: IMAGINAR O FUTURO

Esse é o estágio mais distante das suas atuais habilidades e competências. É o lugar da rebeldia e das ideias transformadoras. Aqui, você trabalha longe da sua rotina. Na maioria dos casos de sucesso que conheço, Horizonte 1 e Horizonte 3 não vivem juntos. São estruturas separadas. Diferentes times que compartilham cultura e propósito iguais. Como a empresa do futuro será bem diferente da atual, não permita que os vícios de hoje contaminem a construção do amanhã.

A proximidade com o negócio também pode gerar atitudes contrárias à inovação, como o medo de canibalizar o próprio produto, receio de investir em algo incerto e pressão por resultados rápidos. Nesse horizonte, você precisa apertar o botão de *restart*, reiniciar o sistema operacional e reescrever as próprias regras. Para isso, é preciso identificar competências que ainda não possui, reconhecer quais podem ser fundamentais e passar a desenvolvê-las. Lance hipóteses, crie protótipos e colha feedbacks. Procure, para cada novo projeto, se perguntar:

Isso resolve uma necessidade das pessoas?
É tecnologicamente viável?
Está alinhada aos objetivos gerais da empresa?
Há um modelo de crescimento financeiramente viável?

Se responder "não" a uma dessas quatro perguntas, mude ou desconsidere o plano. Se falar "sim" para todas, a solução pode avançar ao Horizonte 2. Esses questionamentos, em geral, são conduzidos por gente disposta a romper limites e não seguir regras. Esse é o perfil de quem trabalha aqui. Verdadeiros quebradores de barreiras. Normalmente localizados em *hubs* que desenvolvem esses tipos de projetos. A seguir, 5 considerações sobre os centros de inovação corporativa.

1. SEPARAR:

É difícil transformar uma empresa estando dentro dela. Especula-se, por exemplo, que Thomas Edison fez cerca de mil experimentos fracassados antes de criar a lâmpada.[105] A maioria dos negócios com fins lucrativos, no entanto, o mandaria parar antes de 100 tentativas. O ambiente corporativo não é um lugar obsessivamente focado em criar coisas novas e transformar o que faz. As pessoas não trabalham para romper as próprias atividades. Elas trabalham para executar o que já existe. Assim, como escrevi antes, considere uma estrutura separada para desenvolver o Horizonte 3. O que você precisa é de um ambiente onde as ideias se impõem sobre os crachás.

2. INTEGRAR E PROPAGAR:

Em geral, empresas criam centros de inovação em resposta à preocupação com o futuro. Vejo, no entanto, várias boas iniciativas isoladas e desconectadas de tudo. Enquanto quem trabalha nesses lugares absorve uma tonelada de capital social, ideias e tecnologias, não há meios para compartilhar o potencial identificado. E como a velocidade nesses centros é muito mais rápida que nas empresas, oportunidades morrem pela demora em decidir. Separar é importante. Mas integrar é mais. Se você deseja colher os benefícios do Horizonte 3, não basta colocar talentos em locais descolados e esperar que a mágica aconteça. É preciso implementar um modelo de dois lados, que permita integrar e propagar as descobertas.

3. MIRAR NA ESTRATÉGIA:

Em 2000, a LEGO abraçou a inovação como parte da sua estratégia. Diferentes produtos surgiram. Novos modelos de negócios apareceram. Até um parque de diversões foi lançado. Tudo para reinventar a indústria de brinquedos. Três anos depois, porém, estavam à beira da falência. Segundo o livro *Brick by Brick*,[106] que fala deles, a gestão focou muito na inovação, mas pouco no alinhamento dessas novidades aos objetivos gerais da organização. Como há liberdade, não é difícil que o Horizonte 3 desande e gere projetos sem sentido para a companhia. Por isso, definir uma estratégia clara de inovação é vital. Quando as criações estão na contramão da empresa, na melhor das hipóteses, não geram nada. Na pior das hipóteses, arruínam o negócio.

4. AJUSTAR NÃO É INOVAR:

O objetivo do Horizonte 3 não é ajustar. É inovar. Lembre-se do conceito visto capítulos atrás. Inovação é uma invenção que pode ser comercializada. Muitos *hubs* são estruturados, financiados e gerenciados para produzir ajustes no modelo de negócios de hoje. Ou seja, para fazer o Horizonte 1. Não há nada de errado nisso. Só não se engane. Saiba o que realmente está construindo. Muitos pensam que inovam quando, na verdade, apenas ajustam o que já existe. Isso geralmente ocorre quando os líderes da empresa também assumem o núcleo de inovação.

Afinal, eles continuam atentos às oportunidades para o negócio atual em vez de inová-lo por completo.

5. FOCAR EM RELAÇÕES PÚBLICAS É UM DESASTRE:

Centros de inovação podem melhorar a imagem de um negócio. Isso dá mídia, atrai talentos e espalha a cultura inovadora em toda a organização. Na teoria, é isso. Na prática, não é bem assim. Muitos *hubs* nascem de motivações erradas. Eles devem existir para reconstruir a empresa. E não para jornalistas falarem bem. A repercussão pode acontecer, mas isso vem depois. Não projete um espaço com carpetes descolados e post-its coloridos sem antes definir a razão da sua existência. Ser inovador não tem a ver com o que você pendura na parede. Mas com a estratégia definida, perseguida e executada todos os dias. É o trabalho árduo rumo a um objetivo autêntico que realmente importa. Sem isso, todo o seu esforço não passará de um teatro de inovação. E não inovação de verdade.

Assim, os *Três Horizontes de Crescimento* são bastante úteis. Especialmente em tempos incertos, quando preocupações imediatistas ganham força e facilmente engolem outros esforços importantes para o futuro de um negócio. Utilize os 3 horizontes como uma ferramenta para equilibrar foco, energia e investimentos. Tanto no que você faz hoje quanto nas oportunidades de amanhã.

O FOGUETE VOLTOU DA LUA

Pense no seguinte. Você realiza um dos projetos mais inimagináveis do seu tempo. Algo de que a humanidade lembrará de maneira eterna. Um feito único, audacioso e visionário. Que transformou uma antiga fantasia em realidade. E que escreveu para sempre o seu nome na história.

Coloque-se, então, no lugar de Neil Armstrong, Buzz Aldrin e Michael Collins. Os três astronautas da missão *Apollo 11* que pousaram na Lua em 1969. Que caminharam por quase três horas em solo lunar.[107] E que levaram, literalmente, a sociedade para além de suas fronteiras.

Ao vivo, cerca de 1 bilhão de pessoas[108] – 25% da população mundial na época – acompanharam pela televisão o momento em que Armstrong, a 384 mil quilômetros de distância da Terra, ergueu o seu pé esquerdo e pisou na Lua pela primeira vez. Descrito como "um pequeno passo para o homem, mas um gigantesco salto para a humanidade", aquilo quebrou barreiras. Desfez paradigmas. E marcou perpetuamente as gerações que habitarão o nosso planeta no futuro.

Tente, verdadeiramente, estar na pele daqueles astronautas. Era a década de 1960. Esqueça microprocessadores, computadores pessoais e internet. Isso tudo não existia. As pessoas trabalhavam com máquinas de escrever. Usavam mimeógrafo para copiar documentos. Precisavam de uma telefonista para completar as chamadas telefônicas. Compare a sua vida atual com aquela. A televisão em cores era raridade. O acesso à informação era limitado. E, além de as viagens de avião serem caríssimas, os passageiros tinham cinco vezes mais chances de sofrer um acidente.[109] Se até hoje, com toda a tecnologia que temos, pouca gente consegue se imaginar em um foguete rumo ao espaço, imagine naquela época.

Depois de andar pela Lua, recolher algumas pedras e instalar equipamentos, o trio iniciou o regresso. Foram oito dias no espaço. E pouco depois de reentrar na nossa atmosfera, os astronautas mergulharam nas águas do Oceano Pacífico para serem resgatados sãos e salvos por mergulhadores. Finalmente, o sonho de levar uma tripulação à Lua e trazê-la com vida tinha se tornado real. Um projeto heroico e transformador. Uma conquista muito além do seu tempo. Um símbolo para a posteridade.

Logo após completarem um dos projetos mais inovadores da história, os três astronautas foram novamente apresentados à Terra. À burocracia da nossa rotina. E aos caprichos do nosso cotidiano. Recém-chegados do êxtase, à beira de lançar uma tonelada de descobertas à comunidade científica, prestes a iniciar incontáveis avanços em diferentes áreas, os três se depararam com os aspectos mundanos da nossa vida. Ao atracarem no Havaí, transportados de barco de onde pousaram, foram recebidos com algo bem apropriado para quem volta da Lua. Eles tiveram que preencher, caro leitor ou leitora, os formulários da alfândega norte-americana.

Essa era a regra. O governo dos Estados Unidos exigia que todas as pessoas entregassem um memorando de viagem ao entrarem no país. Isso vale até hoje. Um dos documentos, por exemplo, solicitou informações sobre a origem e o destino dos astronautas. Segundo eles, o embarque ocorreu na Lua e a chegada foi no Havaí. Também foi preciso informar o que havia na mala. Como todo bom passageiro, os três declararam claramente os objetos que portavam: rochas, poeira e outras amostras lunares. Eles também precisaram detalhar a rota completa do voo, que comicamente foi descrita como: do Cabo Canaveral para Honolulu, via Lua.[110]

Veja só. Você volta de uma missão como essa, prestes a reescrever a história da humanidade, e, ao retornar ao seu planeta, se vê em um guichê, com uma caneta nas mãos, buscando adaptar a inédita experiência aos padrões da vida contemporânea. Tentando inserir o novo dentro do atual. O futuro dentro do presente. Isso é o que acontece quando o Horizonte 3 se encontra com o Horizonte 1. São ambientes com exigências bem diferentes. Ambos devem estar alinhados com o mesmo propósito. Mas enquanto um quer manter, o outro quer transformar. Enquanto um segue e melhora o procedimento vigente, o outro explora o novo. Cria o inexistente. E pode, no limite, mudar por completo os produtos, serviços e processos do negócio atual.

Vou mostrar agora um exemplo mais próximo do dia a dia. A Embraer é uma das companhias mais inovadoras do Brasil. Constantemente, aparece no topo dos rankings.[111] Em 2016, eu me encontrei no Vale do Silício com Sandro Valeri, diretor de inovação da empresa. Na conversa, três pontos me chamaram atenção. Primeiro, a Embraer não se define como uma fabricante de jatos. Mas, sim, como uma organização que entrega transporte. Que move, com segurança, as pessoas de um ponto A para um ponto B. Esse é o benefício que oferecem. É a verdadeira razão para existirem. Soa familiar, não? Isso não está lembrando o início deste capítulo?

Segundo, aproximadamente 50% de tudo que é vendido hoje pela empresa vem de produtos lançados há pelo menos cinco anos. Ou seja, o Horizonte 2 trabalha a todo vapor. E terceiro, existe uma alteração em curso no mundo, causada por novos modelos de negócios, que vão mudar drasticamente a forma como as pessoas se locomovem. E isso, logicamente, impacta a Embraer. O jato é apenas um meio de fornecer transporte. Atualmente, muito eficiente. Mas drones, carros voadores e táxis aéreos poderão competir com essa categoria no futuro. Ou até mesmo substituí-la.

Em função disso, Sandro e sua equipe foram ao Vale estruturar o Horizonte 3 da companhia. Construir a Embraer do futuro. Eles, que já faziam inovação evolutiva muito bem, estavam se organizando para fazer inovação disruptiva. Para liderar as próximas mudanças de mercado. O passo inicial, então, foi criar uma empresa separada da nave mãe. Pois, mesmo já sendo uma das mais inovadoras organizações do Brasil, o entendimento era simples: se o ambiente fosse menor, o negócio seria mais rápido. E os controles, processos e burocracias seriam bem reduzidos.

Após lançar essa estrutura enxuta, o ritmo das atividades decolou. A inovação, que sempre foi produzida de dentro para fora, passou a ser alimentada de fora para dentro. A equipe pequena, veloz e flexível, com liberdade para testar e falhar, passou a se conectar com inúmeras soluções globais capazes de transformar o setor de transportes e reescrever a Embraer como um todo. Rapidamente, o primeiro projeto nasceu. Um ano depois de conversar com o Sandro, a empresa se juntou ao Uber para desenvolver veículos elétricos com decolagem e aterrissagem vertical. Ou seja, para produzir carros voadores destinados a curtos deslocamentos urbanos.

De fato, não se trata de um produto imediato.[112] Mas esse tipo de posicionamento mantém a empresa conectada à próxima curva. De olho no que pode virar padrão. Enquanto uma estrutura continua produzindo jatos, a outra acelera projetos disruptivos e transformacionais. E mesmo separadas, permanecem unidas pelo mesmo propósito de transportar pessoas. Por tudo isso, a Embraer é uma referência mundial de inovação corporativa que utiliza os Horizontes 1, 2 e 3 muito bem.

Sabe, um setor como o aeronáutico tem muito a nos ensinar. Excelência, perfeição e superioridade fazem parte da cultura desse segmento. Perseguir o melhor está no DNA dessa área, que precisa entregar produtos robustos, confiáveis e seguros. Assim, questionar e nunca estar satisfeito é um hábito. Sempre que um avanço é alcançado, a página é rapidamente virada. Ninguém se apega às conquistas por muito tempo. Quanto mais você se satisfaz com as vitórias, mais força precisará fazer para arregaçar outra vez as mangas, recolocar os pés no chão e começar tudo de novo.

Assim, o ritmo das atuais transformações apresenta um desafio enorme para carreiras e negócios. Isso altera o escopo de profissões, expande o horizonte de empresas e exige respostas rápidas. Por isso, olhar a próxima curva é fundamental hoje. Independentemente do que você faça. Se você acha arriscado mudar o que faz há anos, existe um risco muito maior em não fazer nada.

CAPÍTULO

6

QUESTIONAR EM VEZ DE TER A RESPOSTA PRONTA

DIPLOMA NÃO SIGNIFICA EDUCAÇÃO

Infelizmente, crescemos em um modelo educacional que privilegia o aluno que responde na hora. Esse é o estereótipo do estudante ideal. Para ser bom, tudo deve estar na ponta da língua. Perguntou, respondeu certo, ganhou 10. Isso não é uma característica somente do Brasil. Mas do mundo inteiro.

Cresci em uma família de educadores. Meus pais dedicaram toda a vida ao ensino fundamental, médio e universitário. Minha mãe, depois de se aposentar como professora estadual, fez vestibular novamente, virou advogada, tornou-se mestre em Direito Penal aos 52 anos e hoje leciona em cursos de graduação. Meu pai, formado em Filosofia, não só foi pedagogo integral, como também ajudou a construir um campus universitário, onde atuou na direção por 12 anos. Tenho o máximo orgulho de suas carreiras. Da vocação que escolheram. E do legado que construíram. Eles são meu espelho para tudo.

Desde que me conheço por gente, a educação faz parte da minha vida. Seja no café da manhã, no almoço ou no jantar, o assunto sempre foi esse. Cresci em um ambiente de profundas discussões relacionadas à formação do ser humano. E, consequentemente, absorvi bastante sobre o assunto.

As bases da educação que conhecemos hoje foram criadas no início do século XIX. Ou seja, há quase 200 anos. Na mesma época da Revolução Industrial. Quando a agricultura ficou para trás, as fábricas ganharam espaço e as exigências profissionais mudaram radicalmente. O ensino em massa, então, foi o instrumento construído pela indústria para produzir os empregados de que ela tanto precisava. O serviço rural e artesanal foi parar nas oficinas. Em ambientes internos e repetitivos. Cheios de fumaça e máquinas barulhentas. A disciplina rigorosa implantou controles rígidos. Relógios ditavam o ritmo das atividades. Apitos guiavam a rotina dos trabalhadores.[113]

A solução foi criar um sistema educacional que simulava esse novo mundo. E usar professores para instruir estudantes dentro de escolas foi uma vitória da era industrial. Todo o processo educacional seguiu o modelo burocrático das fábricas. A divisão do conhecimento em disciplinas, a designação de lugares fixos aos alunos, o uso de sinos para anunciar a troca de turnos. Tudo isso teve origem em premissas daquela época. Amontoar crianças em grupos em vez de tratá-las individualmente, por exemplo, facilitou demais a tarefa de ensinar. Tornou as coisas muito mais simples. Pouco importava quando um aluno não se adaptava ao sistema. O importante era mandar lotes de novos operários às fábricas. E, para isso, o modelo funcionava bem.

Assim, as salas de aula viraram um retrato da sociedade manufatureira. Alguns aspectos bastante criticados da educação atual – falta de personalização, centralização do conhecimento, inflexibilidade de horários, lugares dedicados, sistema de avaliação, professor como elemento soberano – foram justamente os responsáveis por adaptar aquelas famílias às exigências do seu tempo. O ensino em massa transformou comunidades agrícolas em verdadeiras potências industriais.

No entanto, você e eu não vivemos naquela época. Nem moramos no mundo dos nossos pais e avós. A transição da agricultura para as fábricas levou mais de 100 anos. Mas o privilégio de poder esperar não existe mais. A conformidade foi um luxo do passado. Vivemos tendências aceleradas de inovações generalizadas que afetam em cheio o nosso cotidiano social e profissional. As novas reivindicações nos ameaçam em várias frentes. Mas ainda somos moldados pelo mesmo sistema industrial criado dois séculos atrás. Construído para valorizar padrões e controles. Instalado para formar repetidores entre quatro paredes em vez de questionadores sem fronteiras.

Diploma não é igual a educação. O atual sistema de ensino é só um pouquinho melhor que uma linha de produção. A escola é uma fábrica de iguais que motiva a posterior contratação de consultorias para aprendermos a pensar diferente. Meu amigo Paulo Bettio disse isso. E ele está certo. Há um completo descasamento entre a forma como somos preparados e as competências exigidas atualmente. Escolas e universidades não têm mais o monopólio do conhecimento. Ensinar não é só entregar conteúdo. Isso não agrega valor. Além do conhecimento estar disponível em qualquer lugar, ele torna-se obsoleto cada vez mais rápido. O que faz sentido hoje não fará daqui cinco anos. Assim, educar não significa transferir dados e cobrá-los em provas. Downloads de informações não preparam uma mente para a vida. É preciso estimular nas pessoas a capacidade de usar elementos universalmente disponíveis, interpretar o sentido deles e afiar as habilidades de compreender o mundo. Isso é o que permite a alguém sair da escola e continuar aprendendo.

Alvin Toffler, futurista norte-americano que nos deixou em 2016, fez uma das citações que melhor definem o cenário presente. "Os analfabetos deste século não são aqueles que não sabem ler ou escrever. Mas os incapazes de aprender, desaprender e aprender de novo." Essa é a vida de hoje. Você aprende algo. Aceita, um tempo depois, que esse algo não funciona mais. Que anos de esforço e dedicação vão para o lixo. E que precisará, para se manter na vanguarda do que faz, aprender outra vez. É assim que os profissionais bem-sucedidos atuam. Eles questionam o ambiente, reaprendem técnicas e descartam o que era tido como verdade até então. Isso é ser sábio. Não basta querer mudar o mundo. É preciso, primeiro, mudar a si mesmo.

Salvo algumas exceções, nosso ensino médio bicentenário se reduziu a uma preparação para o vestibular. Estudantes precisam memorizar os mesmos fatos, da mesma maneira e ao mesmo tempo. Independentemente de seus interesses, suas habilidades e suas experiências. Escolas usam os alunos nota 10 como marketing para atrair novos estudantes. E há todo um sistema construído para privilegiar isso. A universidade, que é o caminho seguinte, virou indústria. Mais cursos, mais professores, mais prédios. Com estruturas feitas para parecer maiores. Que ensinam conteúdos universalmente disponíveis. E preparam alunos para os empregos já existentes, que em breve mudarão, em vez de formar os construtores das profissões do amanhã.

Acredito demais no papel das instituições de ensino – e por isso me envolvo com elas – mas tirar 10 não significa muito hoje em dia. Isso não faz alguém melhor ou pior. Agora, pessoas brilhantes são aquelas que criam e improvisam. Que desafiam e incomodam. Que pegam um conhecimento aqui, outro ali e misturam tudo para construir algo único e de valor. São esses profissionais que captam a maior parte da nossa atenção. Por isso, superar essa herança de não questionar é vital

"OS ANALFABETOS DESTE SÉCULO NÃO SÃO AQUELES QUE NÃO SABEM LER OU ESCREVER. MAS OS INCAPAZES DE APRENDER, DESAPRENDER E APRENDER DE NOVO."

Alvin Toffler

para pavimentar uma carreira de sucesso. A atual estrutura econômica é bem diferente da que formou, duzentos anos atrás, a educação oferecida hoje e que, provavelmente, você recebeu. Prepare-se para mudar várias vezes na vida. Concordar com tudo o deixará cada vez mais ultrapassado. E querer ser normal, sempre encaixado às regras e aos padrões, nunca lhe permitirá saber quão incrível você é.

O QUESTIONAMENTO TRANSFORMA INDÚSTRIAS

O hábito de questionar desafia a sabedoria comum. Instiga caminhos sem rastros. Debate convenções, normas e comportamentos. Isso muda a forma de enxergar o mundo. Desfaz mitos e verdades. Impulsiona mudanças e transformações. Os avanços tecnológicos estão fazendo tudo durar menos. As tarefas que fazíamos já são feitas de outras formas. Carreiras perdem relevância. Negócios desaparecem da noite para o dia. Assim, interrogar a rotina em vez de tentar preservá-la se tornou uma prática indispensável para as sociedades evoluídas de hoje.

Vou contar-lhe uma breve história. Em 2001, o economista Marcelo Maisonnave fundou a XP Investimentos com Guilherme Benchimol. Foram anos incríveis ao lado dessa dupla. Com estratégias ousadas de crescimento, construímos a maior corretora do Brasil. Em 2014, depois de consolidar o negócio, Marcelo deixou a empresa e resolveu morar na região metropolitana de Nova York, em Greenwich, uma das mais afluentes cidades dos Estados Unidos. Terra das oligarquias, dos clubes de caça e de golfe. Repleta de aristocratas, magnatas do petróleo, donos de bancos e imóveis.

Amante do mercado financeiro, ele passou a viver no berço do capitalismo mundial. Participava de eventos em Wall Street. Circulava na bolsa de valores. Fazia reuniões em Manhattan. Certa vez, em um típico domingo de verão, seu vizinho banqueiro o convidou para um churrasco. E como fazia sol, Marcelo foi de bermuda, camiseta e chinelo. No entanto, ao chegar à residência do proprietário, deparou-se com um anfitrião arrumadíssimo: o banqueiro vestia camisa, abotoadura e calça social. Ao avistar o jardim, onde o churrasco era servido, observou a vizinhança inteira lá. Cerca de 30 pessoas da tradicional indústria financeira, que, apesar do calor e do ambiente despojado do quintal, estavam impecáveis. Vestidas mais para um baile de gala do que para um simples almoço ao ar livre. Ao conversar com os convidados, o papo era o seguinte: "Marcelo, a nossa participação de mercado está caindo. Temos que achar uma alternativa. Alguns empreendedores criaram soluções bem interessantes. Precisamos, urgentemente, preservar o que criamos". Essa, então, era a vida que meu ex-sócio da XP levava – hoje continuamos sócios na StartSe. Além de conviver em uma sociedade que supervalorizava aparências, status e tradição, os diálogos focavam a manutenção e a preservação do status quo.

Em 2015, quando eu já morava em São Francisco, recebi uma ligação do Marcelo. Ele faria um curso na Singularity University,[114] uma das principais escolas do mundo para estudar o impacto das tecnologias em nossa vida. Localizada no Vale do Silício, dentro do centro de pesquisas da Nasa, ela estimula a criação de soluções capazes de atingir 1 bilhão de pessoas e resolver grandes problemas da humanidade. Só para você entender o tipo de gente que vai para lá, posso citar: David Dalrymple,[115] um jovem de 18 anos que fazia doutorado no MIT; Kidist Bekele-Maxwell,[116] nascida na Etiópia, que aos 4 anos pegou uma pedra e quebrou os próprios dentes para parecer mais velha e ser aceita na primeira série – como as crianças começam a trocar a arcada dentária após os 6 anos, ela fingiu ter essa idade e conseguiu estudar; Ashton Kutcher, ator e astro de Hollywood; e Jorge Paulo Lemann, Marcel

Telles e Beto Sicupira, o trio brasileiro por trás do maior grupo cervejeiro do mundo e entre os bilionários mais ricos do planeta. Culturas e contas bancárias diferentes. Mas interesses de mudar o mundo iguais. Assim, depois de dez dias de curso, convivendo com esse tipo de gente, Marcelo voltou a Greenwich decidido. Devolveu a casa onde morava, reuniu a família e trocou Nova York pelo Vale do Silício.

Na terra da tecnologia, ele passou a respirar o ar da ruptura, do ambiente que reescreve indústrias e do epicentro das transformações. Lá, deparou-se com a cultura da garagem, simples e casual. Que aceita riscos, tolera falhas e rejeita padrões. Em vez do formalismo, Marcelo começou a trabalhar em *coworkings*. Fazer negócios em cafeterias. Comer pizza em food trucks. Em determinada ocasião, a vizinhança o chamou para um happy hour. E, apesar de lembrar a história anterior, a experiência foi bem diferente. Ao chegar à casa do evento, um titã do universo high-tech apareceu descalço e descabelado, vestindo jeans e camiseta. E todos os demais convidados estavam assim: desajustados, no estilo "não estou nem aí". No entanto, interessante foi falar com eles. A conversa era assim: "Marcelo, como vamos acabar com essa indústria e construir uma nova? De que forma criaremos a próxima geração de organizações? A solução das atuais empresas é muito ineficiente. Os clientes não aguentam mais. Já fiz um protótipo que pode melhorar a vida das pessoas. Bora testar?". Assim, essa foi a vida que meu sócio passou a ter. E por conta dessa cultura inquieta e questionadora do Vale, não é surpresa ver inúmeras empresas que mudaram os seus segmentos surgirem ou se desenvolverem nessa região, como Apple, Oracle, eBay, Netflix, PayPal, Google, GoPro, Tesla Motors, Facebook, YouTube, Twitter, Airbnb, WhatsApp, Uber, Snapchat e tantas outras.

Reparou a diferença? Em vez de manter, é romper. Em vez de preservar, é desafiar. Em vez de aceitar, é questionar. Como o poder migrou da

É MAIS IMPORTANTE QUESTIONAR DO QUE TER A RESPOSTA PRONTA.

minoria para as massas, mais indivíduos comuns, mortais como você e eu, conseguem enfrentar grandes impérios e conglomerados empresariais com igualdade de forças. Quem questiona nunca teve tanta oportunidade de atropelar quem mantém. Segundo Steve Jobs, "aqueles loucos o suficiente para achar que podem mudar o mundo são os que verdadeiramente o fazem". Jogar na retranca, hoje em dia, não levará você muito além.

Já que contei uma história, vou contar outra. Se você olhar a foto dos anos 1950 de uma concessionária da Ford, da General Motors ou da Chrysler – as três grandes montadoras norte-americanas –, verá pouca diferença entre essa imagem e as atuais lojas dessas marcas. O modelo de negócios da indústria automobilística é praticamente o mesmo há um século. A montadora desenvolve, produz e envia veículos para as revendedoras. Que, por sua vez, contratam vendedores, põem carros na vitrine e tentam vender. Esse é o tradicional jeito norte-americano de comercializar automóveis.

A primeira concessionária nos Estados Unidos foi estabelecida em 1898.[117] No Brasil, elas surgiram em 1920.[118] As revendas são franquias autorizadas que vendem carros de marcas específicas. Normalmente instaladas em amplas propriedades, direcionam potenciais clientes às lojas, relacionam-se com eles e fecham a maior quantidade de negócios possíveis. Por outro lado, as montadoras preocupam-se em projetar automóveis atraentes e fabricá-los em massa. Esse é o formato. Cada parte é responsável por etapas específicas do processo. Há cem anos é assim e pouca coisa mudou.

Aí surge a Tesla.[119] Criada em 2003, a fabricante de carros elétricos começou a interrogar esse modelo e fazer perguntas que ninguém fez. "Quem disse que uma montadora precisa, obrigatoriamente, de uma concessionária para vender os seus produtos? Por que ela não pode negociar com os clientes sem intermediários? O que impede isso de acontecer?" A venda de automóveis, das fábricas aos consumidores, é limitada pela maioria dos estados norte-americanos. A lei de franquias exige que os veículos novos sejam comercializados só por revendedores autorizados e independentes. No entanto, a Tesla pressionou a legislação e conseguiu eliminar essa exigência das empresas que fabricam modelos elétricos. Assim, ela criou as próprias regras, estabeleceu estratégias diferentes e passou a vender seus carros – que mais parecem computadores com quatro rodas – diretamente pela internet.

Isso, obviamente, deixou o setor furioso. Várias concessionárias entraram com ações judiciais e acusaram a Tesla de desrespeitar os acordos de proteção aos vendedores de automóveis. Essas iniciativas claramente tentaram manter as coisas como estavam e preservar o formato de vendas da indústria. No entanto, sem depender das revendas terceirizadas, a Tesla mudou para sempre a dinâmica automotiva. Em 2017, na época com 14 anos de vida, ela ultrapassou as centenárias Ford e General Motors e se tornou a mais valiosa montadora dos Estados Unidos.[120] Ou seja, uma empresa com pouco mais de uma década superou em valor de mercado os seus competidores com mais de 100 anos.

A tecnologia está permitindo criar coisas incríveis. Inimagináveis tempos atrás. Quem diria que um carro poderia ser comprado pela internet? A paralisação da indústria norte-americana de automóveis, porém, não é recente. A cegueira em relação à entrada das montadoras japonesas nos Estados Unidos, por exemplo, fornece outra lição sobre como o não questionamento pode destruir um legado.

Volte no tempo. Imagine que você está na década de 1960, morando em Detroit e trabalhando na General Motors. Numa bela manhã, ao dirigir o seu carro – da GM, é claro – rumo ao trabalho, o semáforo está vermelho e o obriga a parar. À direita, outra pessoa dirige um GM. À esquerda, alguém está em um Chrysler. Na sua frente, há um veículo da Ford. Você olha para o três e pensa: "Esses são os meus concorrentes. Sei tudo sobre eles. Meu país tem um mercado forte, estabelecido e tomado pelas empresas daqui. Logo, não há o que temer. Nem o que mudar nos meus automóveis, seja preço, tamanho ou funcionalidade". Por esse tipo de comportamento, então, foi fácil desconsiderar Toyota, Nissan e Honda quando começaram a fazer os primeiros testes nos Estados Unidos.

Apesar de algumas pessoas avistarem os modelos japoneses nas ruas, a maior parte da indústria continuava cega. Alimentada por práticas que sustentavam ainda mais essa cegueira. Em Detroit, você recebia um bom salário e altíssimas bonificações. Além disso, seus colegas valorizavam o status quo, o que o obrigava a assumir um custo de vida elevado. Sua casa era enorme. A escola dos filhos era cara. Mas a alegria em ver a felicidade da sua família era imensa. Assim, para sustentar isso tudo, não passava pela sua cabeça fazer outra coisa. Todos os seus esforços eram direcionados para vender mais e mais automóveis. E a fórmula era simples. Mais carros, mais bônus, mais recursos para manter a reputação social construída e a vida elitizada que levava.

A insatisfação com os produtos locais começou a aumentar. No entanto, descobrir os defeitos nos carros norte-americanos e as virtudes nos modelos japoneses não dava dinheiro. Iniciar esse questionamento não recompensava. Tanto no aspecto social quanto no econômico. A indústria só queria lucro. E a sociedade só queria estabilidade. Dessa forma, pressionado para bater suas metas e manter suas aparências, não havia escolha. Era vender e vender, sem jamais desviar a atenção disso. Essa é uma reação previsível diante dos caprichos que a vida oferece. As pessoas, em geral, anseiam por conforto, resultados confiáveis e preservação das conquistas. Detroit vivia uma bolha, cercada de perguntas que os norte-americanos evitaram, mas que os japoneses ousaram fazer.

A partir da década de 1970, com as diferentes crises do petróleo que o mundo viveu, os preços dos combustíveis aumentaram significativamente. E como consequência, os veículos enormes e "beberrões" dos Estados Unidos começaram a perder espaço para os modelos compactos e eficientes do Japão. Diante da paralisia de Detroit, o resultado foi este: em 1965, a participação de mercado da Ford, da General Motors e da Chrysler era de 90%, contra menos de 1% da Nissan, da Toyota e da Honda.[121] Em 2017, porém, 44% do mercado era das montadoras norte-americanas, contra 33% das japonesas.[122]

Ao questionar, você é capaz de mudar carreiras e indústrias. Ao aceitar, você corre o risco de destruí-las. A Tesla reescreveu o setor automobilístico desafiando os padrões. As três montadoras diminuíram o seu reinado evitando as mudanças. Protetores da normalidade existem em todo lugar. Quando sentir que está perto demais da média, é hora de pausar e refletir. Pois, nessa situação, se uma mudança ocorrer, a passividade manterá você onde está.

O PODER DAS PERGUNTAS

A atitude empreendedora está na cabeça daqueles que enxergam oportunidades, e não barreiras; horizontes, e não obstáculos; possibilidades, e não problemas. O maior risco das pessoas não é a falta de dinheiro, experiência ou conexões. É o excesso de desculpas. É a supervalorização das justificativas, dos argumentos e das explicações. Deixe-me apresentar três aspectos relacionados a isso.

1. *MOVE FAST AND BREAK THINGS*

Ao exercer o hábito de questionar, você entra no modo *move fast and break things*. Ou seja, você passa a se mover rápido e romper padrões. Essa citação de Mark Zuckerberg acompanhou o Facebook em seus primeiros anos. Assim, não desista do que você não pode fazer. Ou do que supostamente não dá. As regras estabelecem normas para o que já existe. Mas não para o que existirá. Saiba que novas leis serão escritas. Novos padrões serão introduzidos. Novos caminhos serão moldados. Nossa sociedade é gerida por princípios antigos. Por códigos atrasados. Por ofícios definidos, homologados e assinados quando boa parte das atuais tecnologias ainda não existia.

Interrogar o que nos cerca nunca foi tão importante. Considere alternativas e minimize objeções. Nada será como é hoje. Mais soluções vão nascer com um pé naquilo que pode e outro naquilo que não pode. Os regimentos vigentes não suportam as inovações atuais. Quando um produto ou serviço melhora a vida das pessoas em algum aspecto, é muito difícil reter, parar ou impedir a sua utilização. Mesmo que ele esteja à margem da lei. É nesse momento que o caos vem à tona. Que conflitos e discussões acontecem. De um lado, quem vive sob o guarda-chuva de diretrizes ultrapassadas tenta frear os modelos de negócios novos e vencer na base do grito. De outro, gente apaixonada pelas novidades corre atrás do direito de poder usá-las. No meio, então, governos engessados entendem os dois lados e buscam resolver. Dificultar avanços, nessas situações, normalmente vai contra uma população inteira.

Por causa disso, uma mudança legal está em curso. Até pouco tempo atrás, as leis conduziam o trabalho das pessoas. Mas agora, como a tecnologia está à frente da regulamentação e os avanços computacionais

ATÉ POUCO TEMPO ATRÁS, AS LEIS CONDUZIAM O TRABALHO DAS PESSOAS. HOJE, SÃO AS TECNOLOGIAS CRIADAS PELAS PESSOAS QUE CONDUZEM A CONSTRUÇÃO DAS LEIS.

ocorrem cada vez mais rápido, são essas inovações que pressionam a construção das leis. O Facebook reescreveu as regras do marketing. O Airbnb, dos hotéis. E a Amazon, do varejo. O Spotify pressiona as leis de direitos autorais. A Netflix, de distribuição de conteúdo. E a Tesla, da venda de automóveis. A inteligência artificial força mudanças nas normas trabalhistas. Os drones, no mercado logístico. As impressoras 3D, nas atividades fabris. Repare que a tecnologia nasce antes da regulamentação. As moedas virtuais, por exemplo, não esperaram uma autorização para serem criadas e usadas. Centenas delas já existem e desafiam os rígidos protocolos do sistema financeiro. A tecnologia não pede licença. Ela pede desculpa. E não quero dizer que vivemos em terra sem lei. Não é isso. Mas em tempos de abundância e rápida adaptação, pessoas e empresas não precisam mais aguardar pelos outros. Elas mesmas podem criar os próprios padrões.

2. A NORMALIDADE NUNCA MUDOU NADA

O comportamento mediano é uma doença que corrói indivíduos, empresas e nações. A normalidade gera conforto. E o conforto faz a gente não sair do lugar. Quanto mais acima da média você posicionar o seu negócio, menos vulnerável às transformações ele estará. Para muita gente, vinte anos de experiência significa 1 ano repetido 20 vezes. Essa é uma frase de Reid Hoffman, fundador do LinkedIn. Infelizmente, uma massa de pessoas acredita nisso. Credenciais como essa são inúteis hoje em dia. Quando alguém fala que possui décadas de bagagem em algo, isso não me diz nada. Pois o conhecimento adquirido ao longo dos anos não necessariamente atende as exigências atuais. A rotina diária é um vício que bloqueia, aprisiona e inibe a inovação.

Assim, se a conformidade o contenta, repense o que faz. O nosso planeta está cheio de gente e há cada vez mais talentos que disputam o mesmo espaço que o seu. Enquanto você aceita o mundo como ele é, uma turma de incansáveis questiona ferozmente as tradições que enraízam hábitos, as convenções que limitam empregos e os modelos que regem indústrias. A normalidade nunca mudou nada. Ou você evolui de maneira permanente, ou reduzirá o seu padrão de vida. Infelizmente, o mundo não é bonzinho com quem preza pela estabilidade. Como seres humanos, buscar continuamente uma versão melhorada de nós mesmos é um compromisso vitalício com o nosso próprio crescimento pessoal.

3. REPETIÇÃO NÃO CRIA MEMÓRIAS

Quando você escuta uma música boa pela primeira vez, ela encanta e cativa. A letra não sai da sua cabeça. É difícil esquecer. Ao escutar pela quinta vez, continua empolgante. Na décima, ainda é bacana. Na vigésima, começa a enjoar e perde a graça. Da mesma maneira, talvez você se lembre das férias de um ano atrás, mas é incapaz de lembrar o que fez no trabalho ontem. Pois, sempre que algo se torna repetitivo, você vive em modo automático. Sua mente deixa de gravar fatos e interações. No entanto, quando é exposto a situações diferentes, os acontecimentos tornam-se "vivos" em sua lembrança. E essas novas experiências passam a criar as memórias da sua vida.

Em 2017, pedalei 824 quilômetros para completar o Caminho de Santiago de Compostela. Foram quinze dias inesquecíveis cruzando o norte da Espanha. Conheci gente do mundo inteiro. Em uma das noites, conversei com um austríaco. Ele se apresentou como um eterno peregrino. Ou seja, como alguém que vive caminhando pelo mundo.

REPETIÇÃO NÃO CRIA MEMÓRIAS. NOVAS EXPERIÊNCIAS SIM.

Em poucas horas, parecia que cada santo dia dos seus últimos dez anos havia sido compartilhado comigo. Foi incrível escutar os detalhes das suas aventuras. E perceber como o afastamento da rotina faz a nossa vida parecer mais longa.

Nos negócios, não é diferente. Empresas bem-sucedidas sabem que a repetição gera tédio, monotonia e esquecimento. Assim, elas incrementam produtos, revigoram serviços e diversificam a relação com seus clientes. É isso que mantém uma marca na cabeça das pessoas. A nossa percepção de valor é impulsionada pelas experiências novas, incomuns e não rotineiras. Veja o exemplo do Uber. Após lançar o seu serviço original, chamado UberBLACK, que oferece carros de luxo para transportar indivíduos, eles criaram o uberX, UberSELECT e UberSUV para disponibilizar mais categorias de veículos. Também nasceu o uberPOOL, em que passageiros compartilham corridas e pagam menos. Há ainda o UberCOPTER para solicitar helicópteros,[123] UberEATS para pedir refeições e Uber Freight para requisitar fretes. Além dos carros autônomos e voadores que vêm por aí. Dessa forma, a vida de uma empresa não deve ser uma jornada. Mas uma sequência de muitas jornadas diferentes. Isso minimiza os riscos de o seu negócio virar banal. E maximiza as chances de ser atraente por mais tempo.

Dessa forma, vangloriar verdades é um erro. As respostas certas de hoje não serão as respostas certas de amanhã. Essa atitude não só diminui as nossas descobertas, mas também limita a evolução humana, minimiza o potencial extraordinário que temos e nos reduz a seres medianos completamente parados no tempo.

CAPÍTULO 7

FAZER COM AS PESSOAS EM VEZ DE PARA ELAS

INCANSÁVEIS

Em 2016, escrevi meu primeiro livro. Na época, havia recém deixado a XP Investimentos, morava há um ano no Vale do Silício e minha nova empresa – a StartSe – ainda engatinhava. Tinha uma boa rede de contatos no mercado financeiro. Mas, fora dele, meu networking era pequeno. Ao mesmo tempo, havia me encantado pelas startups, pelo jeito enxuto que elas começam e pelas estratégias não convencionais que adotam. Aquilo mudou radicalmente a minha visão de negócios.

Eu não era conhecido, não era autor e não queria investir em métodos tradicionais e caros de lançamento de produtos. Minha cabeça pensava assim: se centenas de startups ganham o mundo sem gastar quase nada em mídias clássicas e meios convencionais, que tal lançar um livro no Brasil dessa forma? Bem, foi exatamente o que fizemos. Junto com a Editora Gente e a StartSe, construímos e divulgamos a obra *Incansáveis*[124] de modo similar à criação de uma startup. Trouxemos os potenciais consumidores – leitores, nesse caso – para dentro do processo produtivo. Tudo feito com eles, e não para eles. Transformamos

A FORÇA DE VENDAS MAIS PODEROSA PARA FAZER UM NEGÓCIO DECOLAR NÃO É FEITA DE VENDEDORES. É FEITA DE INFLUENCIADORES.

indivíduos em advogados do produto, propagadores da marca e replicadores da mensagem. E o melhor: essa estratégia não vale só para o mercado editorial. Vale para todos.

Mesmo com pouquíssimos recursos, *Incansáveis* tornou-se um best-seller e rapidamente entrou na lista dos livros de negócios mais vendidos do Brasil. Dois meses após o lançamento, entrou na segunda edição. Em quatro meses, na terceira. Em seis meses, na quarta. Nenhuma ação é mais forte que a prova social espontânea de um cliente. Nada supera isso. Televisão, rádio ou qualquer outro meio de comunicação não vence a voz imparcial, soberana e verdadeira dos consumidores. Não convença alguém a comprar o que você faz. Isso é raso e insuficiente. Hoje, é preciso ir além. Convença alguém a falar bem de você. A força de vendas mais poderosa para fazer um negócio decolar não é feita de vendedores. É feita de influenciadores. De pessoas que, além de comprar o seu produto ou serviço, promovem naturalmente o que você faz.

Separei a estratégia de lançamento do livro em quatro etapas.

1. CERTIFICAR SIMPLICIDADE E UTILIDADE

Quando me mudei para São Francisco em 2015, passei a viver no ritmo da tecnologia. Todos os dias, conhecia inovações incríveis. Não apenas uma ou duas, mas várias. Com medo de esquecê-las, comecei a resumir no Word o que aprendia diariamente. Foi assim que o livro nasceu. Depois de um ano, quando esse arquivo já tinha 100 páginas, mostrei-o para Ricardo Geromel, um grande amigo e autor que poderia avaliar com propriedade a qualidade do texto. "Maurício, o rascunho está demais! Será uma obra fantástica." Com esse feedback, então, levei a iniciativa a sério.

No início, é preciso certificar que o seu projeto resolve uma dor das pessoas. De maneira fácil e estupidamente simples. Jamais avance sem garantir isso. O risco de você pular essa etapa é trabalhar meses em algo que ninguém quer consumir. Meus pais, nesse caso, foram os guardiões da simplicidade. Na medida em que cada capítulo era revisado, eu os enviava. E como empreender não faz parte das suas vidas, se eles entendessem, qualquer um entenderia. Feito isso, defini o público-alvo do livro: empreendedores de startups. Separei-os em dois grupos: um, composto por novatos que estavam criando a primeira empresa; outro, por especialistas que já tinham construído vários negócios. Por fim, enviei o texto a eles. O foco era assegurar que a leitura despertava interesse e solucionava problemas reais de ambos, independentemente dos seus níveis de conhecimento. Recebi sugestões, fiz alterações, adicionei e retirei trechos. Reenviei o conteúdo até alcançar um formato útil e relevante aos dois.

Essa etapa se aplica em tudo. Nesse caso, foi o livro. Mas poderia ser qualquer outro produto ou serviço. Não avance sem que as pessoas entendam o que você faz e vejam utilidade na sua solução. Faça o bem com o seu próprio tempo. Minimize os riscos de desperdiçá-lo à toa. Tudo começa com a aplicação do artesanato clássico de manusear, experimentar e aperfeiçoar.

2. CATIVAR A ATENÇÃO

Depois, foi a vez da embalagem. Para 22% das pessoas, a capa é o fator que mais influencia a escolha de um livro.[125] Além disso, mais da metade dos brasileiros compra por impulso.[126] Dessa forma, ter uma capa cativante, atraente e sedutora é um belo começo. Nessa época, conheci o designer Vinicius Gallo. Em poucas horas, ele me enviou o rascunho de duas artes: uma com a Golden Gate Bridge, a famosa ponte laranja de São Francisco; outra com uma garagem, o local de nascimento de muitas startups.

Qual das duas possibilidades, então, eu escolhi? Bem, acertou se você disse nenhuma. Peguei meu celular, selecionei as imagens e criei uma enquete em todos os grupos de WhatsApp de que eu fazia parte. Mais de mil pessoas votaram e optaram pela garagem. Só agora, com o esboço da arte validada, solicitei ao Vinicius a produção de uma capa magnífica. Primeiro, você deve criar uma versão rápida e rudimentar do seu produto. Depois, testar. E na sequência, aprimorar. Empreendedores não fazem previsões. Fazem experimentações. Você pode produzir todas as análises e modelos que quiser. Mas, basicamente, isso é perda de tempo. O cliente é quem define um serviço bem-feito. E não você.

Dias depois, recebemos o design definitivo. A arte ficou fantástica. Mas, mesmo assim, voltamos ao campo. Produzimos um protótipo para simular como o livro ficaria em seu formato final. Quinhentos exemplares foram impressos só com a capa – as páginas internas eram em branco – e distribuídos pelas ruas de São Paulo. Para a nossa surpresa, apesar da reação positiva, as pessoas não entenderam o objetivo do livro. Havia informação demais. O que fizemos, então? Tiramos uma frase, reimprimimos os protótipos e testamos de novo. Bingo! Agora sim, a mensagem estava clara.

Quando criamos um projeto, é natural nos apaixonarmos por ele. Ainda mais quando há progresso. Afinal, é o nosso "filho" que está crescendo. Nesses momentos, porém, caímos na tentação de agir pela emoção. Eu, por exemplo, poderia ter colocado tudo a perder devido a uma frase simples e desnecessária. Mas a frieza precisa acompanhar as decisões. A razão deve ser soberana. E a humildade de questionar os nossos instintos é uma exigência dos novos tempos.

EMPREENDEDORES NÃO FAZEM PREVISÕES. FAZEM EXPERIMENTAÇÕES.

3. CONCEDER ANTES DE PEDIR

Chegou a hora de lançar o produto. De conceder antes de pedir. De oferecer às pessoas que desejassem divulgar o livro um benefício especial. A estratégia, então, foi a seguinte. Trinta dias antes do lançamento, abrimos um período de pré-venda na internet. Ao obter o exemplar nesse intervalo, além de pagar menos, era possível ir ao Vale do Silício com tudo pago. Para concorrer à viagem, bastava tirar uma foto com o livro e publicá-la nas redes sociais. Em paralelo, investimos 10 mil reais em publicidade no Facebook. Esse foi o único gasto expressivo que tivemos.

O que se viu nos dias seguintes foi uma avalanche de compras. Resultado: *Incansáveis* tornou-se o livro de negócios mais vendido do Brasil na semana de lançamento.[127] No entanto, o melhor veio depois. Sabe aquelas pessoas que adquiriram o produto durante o pré-venda? Pois é, elas começaram a receber os exemplares em casa. E para concorrer à viagem, era preciso tirar e postar fotos inusitadas, pois a mais criativa venceria. Bem, a internet virou um mar de imagens sensacionais do livro. Tinha gente com ele na Muralha da China, pulando de paraquedas e em várias outras situações surreais. Cada postagem, de fato, era uma verdadeira propaganda, maravilhosa, viral e gratuita. Isso não é apenas fazer com o cliente. É deixar que o cliente faça por você. Como consequência, *Incansáveis* liderou o ranking mais uma vez.[128] Se você, leitor ou leitora, esteve entre essas pessoas, muito obrigado. O poder de transformação do livro só foi disseminado graças à sua ajuda.

Por fim, criamos um dia de votação para escolher a foto vencedora. Mais uma vez, uma enxurrada de acessos, engajamento e participação. A paulista Sylvia Dias venceu. Na sua imagem, ela aparecia em uma canoa, no meio de um lago, recebendo o livro por um drone. Incrível,

HOJE, VOCÊ PROMOVE UM NEGÓCIO PARA O MUNDO COM OS MESMOS RECURSOS USADOS DEZ ANOS ATRÁS PARA PROMOVÊ-LO EM SUA CIDADE.

não? A partir daí, a obra ganhou tração, entrou nas principais listas nacionais de best-sellers e alcançou o Brasil inteiro.

Observe a força dos clientes. O poder de fazer com eles. Aproveite essa abundância tecnológica para agir de maneira inteligente, certeira e escalável. Na época, recebi inúmeras propostas para usar outdoors em cidades, banners em livrarias e propagandas em jornais. Certamente, era a solução mais fácil. Contratar uma agência, pagar essas mídias e estampar o livro por aí. Essas estratégias de massa, porém, são ultrapassadas, limitadas e caríssimas. Hoje, você promove um negócio para o mundo com os mesmos recursos usados dez anos atrás para promovê-lo em sua cidade. Basta quebrar a cabeça e aprender técnicas novas. Quando o cliente trabalha por você, não há comercial na Globo que segure.

4. CONFERIR E SUJAR AS MÃOS

Jamais terceirize o que é vital para o seu negócio. Se você entrega tecnologia, não contrate o desenvolvimento desta. Se você faz recrutamento, não use recrutadores externos. Mantenha a espinha dorsal da sua empresa contigo. E só delegue serviços auxiliares a essas competências essenciais.

No Brasil, a maior parte dos livros ainda é vendida por lojas físicas. Por isso, fui lá conferir. Em dois meses, realizei 40 eventos em todo o país. E como aconteciam à noite, aproveitava as manhãs e as tardes para visitar livrarias. Fui de Pelotas a São Luís, passando por Criciúma, Belo Horizonte e dezenas de outras cidades. Coloquei os pés na lama. Sujei as mãos de verdade. Entendi como poucos o funcionamento do mercado editorial brasileiro, de ponta a ponta. Para aprender, é preciso colocar a barriga no balcão. Voltar para casa com as mãos cheirando a peixe. Só assim você encontra os elos fracos da corrente e vislumbra melhorias e correções.

Conversei com gerentes, vendedores e clientes. Entendi as suas dores. Absorvi os seus conhecimentos. Você não imagina o que aprendi com eles. Identifiquei falhas de logística. Reorganizei a distribuição das gráficas. Estudei os canais on-line. Tornei-me, enfim, um perito desse mercado. Se você quer aumentar as chances de sucesso do seu negócio, jamais delegue o que é essencial para ele.

Essa, então, é a trajetória do meu produto. Mas pode ser a do seu também. Não restrinja os clientes a meros validadores de ideias. Isso é pouco. A tecnologia atual possibilita muito mais. Transforme-os em verdadeiras ferramentas comerciais do seu negócio. Com eles, o potencial de alcançar lugares impensáveis é enorme. Jamais imaginava, por exemplo, ver *Incansáveis* virar leitura recomendada em escolas, tema de trabalhos universitários e inspiração para centenas de brasileiros mudarem de vida. Não fui eu ou minha equipe que fizemos isso. Foram os leitores.

A INDIVIDUALIZAÇÃO SUPEROU A MÉDIA

A tecnologia transfere o poder de poucos para muitos. Já falamos sobre isso aqui. Nos últimos anos, a capacidade de influenciar, sugerir e inspirar foi gradativamente transferida das grandes mídias às pessoas. Hoje, quando você compartilha algo nas redes sociais, o poder de convencer os seus pares é muito maior que qualquer televisão, jornal ou revista já teve no passado. Agora, você não é apenas dono do seu nariz, mas também interfere na opinião dos outros em amplitude global.

Antigamente, as empresas decidiam o que divulgar, definiam o momento certo de lançar e controlavam rigorosamente os canais de comunicação. Aos consumidores, restava obter pouco conteúdo, acessar limitadas opções e aceitar o que era imposto. Claramente, isso mudou. Agora, você possui um conjunto infinito de dados, produtos e serviços disponíveis a qualquer hora, momento e lugar. A transparência de informações é universal. O marketing de massa está em declínio e dá lugar à individualização.

Tudo o que construímos muda mais rápido que a nossa capacidade de perceber. Os líderes do passado – e alguns ainda hoje – exigiam das suas equipes a mesma palavra todos os dias: "mais". Mais participação de mercado, mais clientes, mais vendas, mais receita, mais tudo. Naturalmente, esse comportamento levava ao marketing de massa. Ou seja, oferecer soluções medianas a pessoas comuns. Dessa forma, como o desejo era atingir grandes mercados, era preciso fazer algo para muita gente consumir. E projetar produtos e serviços medianos fazia todo sentido. As massas não compram o que é diferente. Elas compram o que é comum.

Durante décadas, esses líderes investiram centenas de milhões de dólares para perturbar, importunar e incomodar a nossa vida. Cupons, banners, outdoors, comerciais de televisão, propagandas de revista, anúncios de rádio e dezenas de outros meios. Mas por que eles faziam isso? Qual era o objetivo? Bem, o foco era motivar nas pessoas a compra dos bens ofertados. Quando isso acontecia, os consumidores poderiam comprar de novo, repetidas vezes, durante um bom tempo. Em algum momento, então, o investimento dessas campanhas seria pago, os indicadores financeiros do negócio aumentariam e tudo valeria a pena. Esse era o jeitão que funcionou no passado. Lá atrás, quando havia escassez de informação, as pessoas prestavam atenção às ofertas e se apegavam aos anúncios, pois eram as únicas fontes possíveis de consulta. Éramos, realmente, reféns do sistema.

Como não existia saída, a maior parte dos indivíduos aceitava esse modelo e fazia acordos. Ao comprar uma revista, por exemplo, pagava-se por algumas páginas de conteúdo e outras de propaganda. Ao assistir a uma novela, ganhava-se minutos de entretenimento em troca de intervalos comerciais. Ao ir ao cinema, os trailers vinham primeiro e o filme depois. Esse, então, era o pacto da época. Para satisfazer as suas necessidades, a população "assinava contratos" com os detentores do poder e precisava suportar o que impunham.

Na maioria dos mercados, os competidores sempre foram muito parecidos. Supermercados, concessionárias, bancos, companhias aéreas e vários outros segmentos foram ensinados a ser iguais. Afinal, para atender às massas, é preciso oferecer algo mediano. Consequentemente, o nível de diferenciação entre as empresas era baixo. Os produtos e serviços eram similares. E não havia razão para mudar, pois a maioria da população comprava a mesma coisa de maneira contínua.

Essa lógica das médias é explicada pela distribuição normal.[129] Ela descreve uma série de fenômenos naturais, matemáticos e estatísticos. Quase tudo que olhamos se comporta dessa forma. Se você observar a altura de um homem adulto norte-americano, por exemplo, verá que quase 70% deles medem entre 1,72 e 1,86 metro, 15% estão abaixo desse intervalo e 15% estão acima.[130] O mesmo vale para peso, temperaturas de uma região e vários outros aspectos. Sempre há um grupo muito grande responsável pela parte mais expressiva da distribuição.

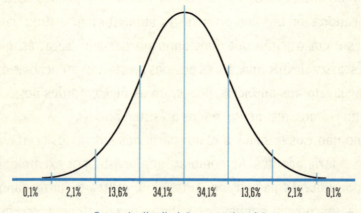
Curva da distribuição normal padrão.

Esse conceito também se aplica ao comportamento humano. Podemos usar essa mesma curva para projetar, por exemplo, as horas de utilização da internet, o valor da fatura do cartão de crédito e a forma como compramos roupas, pacotes turísticos e aparelhos de tecnologia. Pouquíssimas pessoas têm celulares de última geração, a maioria usa modelos intermediários e alguns ainda carregam os "tijolões". Historicamente, sempre foi assim. É por isso, então, que o marketing de massa teve as suas décadas douradas. Como grande parte da população tinha hábitos muito parecidos, bastava divulgar produtos e serviços medianos para que as massas consumissem.

No entanto, uma mudança significativa aconteceu. As pessoas cansaram de não ter identidade. Ninguém mais quer ser igual aos outros. O comportamento de cada ser humano está se tornando único. Indivíduos "certinhos" agora são instáveis. Atitudes inesperadas agora são frequentes. E essa desobediência aos padrões está pavimentando a verdadeira construção da nossa liberdade. A sociedade virou presidente da própria vida. Passamos a moldar o que usamos, ditar como interagimos e demandar soluções cada vez mais exclusivas, originais e personalizadas.

A individualização, então, virou tendência. Não é bacana usar o que serve para qualquer pessoa. Não tem graça ser só mais um na multidão. O que se vê é uma busca incansável por singularidade. E a consequência disso é devastadora aos defensores da normalidade. Pois a curva de distribuição dos comportamentos humanos está, literalmente, achatando. É muito mais difícil, hoje, encontrar populações inteiras com hábitos comuns porque a sociedade ganhou poder, acesso e opções de escolha. Agora, você não tem que aceitar o que lhe é oferecido. Você, simplesmente, vai atrás do que lhe convém. É por isso que o marketing de massa agoniza. Pois as massas estão deixando de existir.

A DESOBEDIÊNCIA É O VERDADEIRO SUPORTE À LIBERDADE.

MAURICIO BENVENUTTI 139

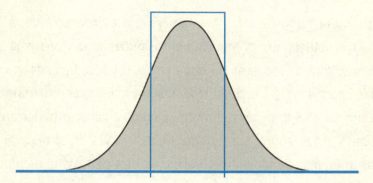

1950-1960: Distribuição dos comportamentos era rigidamente agrupada.

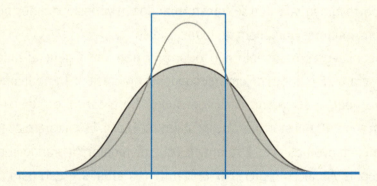

1970-1980: Distribuição dos comportamentos começou a achatar.

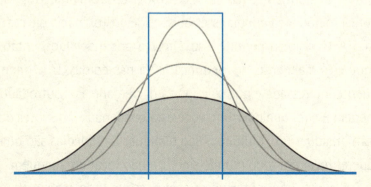

2010: Distribuição dos comportamentos achatou a um ponto que havia mais pessoas fora da mediana do que dentro.

Seth Godin, famoso autor norte-americano, escreve sobre isso.[131] Em 2010, a distribuição dos comportamentos derreteu tanto, que já havia mais gente fora da mediana do que dentro. Ou seja, há cada vez mais pessoas imprevisíveis. Dia a dia, elas testam mais, experimentam mais e aceitam mais as soluções diferentes. E como a curva está derretendo, mirar nas bordas, agora, faz sentido. Nelas, em vez de se deparar com massas anônimas de indivíduos, você encontra gente que escolheu se importar. Pessoas preocupadas com suas causas, suas comunidades e seus grupos de interesse. Quantidades enormes de indivíduos que se comportavam igual estão se transformando em vários pequenos nichos de consumidores que agem de maneira distinta.

Incansáveis, por exemplo, não foi lançado de maneira generalizada. Em 2016, eram 25 milhões de empreendedores no Brasil.[132] Tranquilamente, o livro poderia ser oferecido a todos eles. No entanto, o público-alvo foram só as 10 mil startups que existiam na época. Esses foram os leitores impactados no início. E foram eles que divulgaram à grande audiência depois. Atuar com precisão, portanto, é o atual segredo para atrair atenção, obter reconhecimento e ser valorizado pelas pessoas.

Dessa forma, afaste-se do que é amplo e vasto. Apesar de a nossa cultura ter se transformado em uma coleção de tribos com diferentes interesses, nunca foi tão fácil atingir esses bolsões de gostos, hábitos e costumes diversos. A tecnologia permite isso. Ofereça aos indivíduos, então, algo com que eles realmente se identificam. Vá nas bordas. Lá é onde você acha gente interessada e que se importa de verdade. Por outro lado, se o seu modelo é para qualquer um, você está condenado. Pois lotes de pessoas são qualquer um. Multidões são qualquer um. Médias são qualquer um. Querer focar em todo mundo significa não focar em ninguém.

Ironicamente, para obter relevância nesse mundo high-tech, é preciso ser mais humano que nunca. Mesmo cercado por incontáveis tecnologias, estudar como os indivíduos se conectam é a base para fugir das massas e atingir os nichos. Gente diferente escuta, enxerga e fala de maneira diferente. Não dá para mudar isso. Mas dá para ganhar a sua atenção indo até onde estão, buscando empatia, afinidade e identificação. Hoje, as marcas mais reconhecidas pelas pessoas fazem dessa prática uma religião.

VOCÊ TEM PODER

Em 2009, o músico Dave Carroll viajava pela United Airlines do Canadá para os Estados Unidos. No desembarque, enquanto se preparava para sair do avião, escutou um murmurinho entre os passageiros: "Caramba, malas estão voando lá embaixo". Rapidamente, ele olhou pela janela e viu bagagens sendo lançadas de dentro para fora da aeronave, incluindo os instrumentos musicais que transportava. Mais tarde, quando pegou os pertences, descobriu que o seu violão de 3.500 dólares havia quebrado.

Durante nove meses, ele reivindicou à United o conserto do equipamento. Mas a resposta foi sempre negativa. A companhia alegou que só tratava casos reportados em até 24 horas.[133] E como o músico demorou mais de um dia para fazer o pedido, a culpa era dele. Na visão da empresa, as regras precisavam ser seguidas, independentemente de os seus funcionários agirem de maneira irresponsável por aí. Mesmo assim, Dave continuou tentando. Falou por telefone. Enviou e-mails. E até sugeriu receber o valor do reparo em milhas em vez do dinheiro. Mas a empresa continuou firme. Imutável em sua resposta.

Pergunto a você: o que mais um músico poderia tentar? Compor uma música? Pois é. Foi o que fez. Com uma caneta nas mãos, ele escreveu a canção "United Breaks Guitars" (United Quebra Violões, em português).

Na sequência, produziu um clipe. Depois, colocou no YouTube.[134] E após algumas semanas, a melodia caiu nas graças do público, viralizou na internet e se tornou um sucesso. Assustada com a péssima repercussão, a companhia resolveu falar com Dave assim que a obra alcançou 150 mil acessos. A proposta era acertar as contas e retirar o vídeo. A oferta, porém, veio tarde demais. O músico recusou o dinheiro e a canção atingiu milhões de visualizações mundo afora.

Isso, porém, não foi suficiente para a United entender o recado. Em 2017, um voo da companhia estava com *overbooking*. Ou seja, foram vendidas mais passagens que a quantidade de assentos disponíveis. Havia, assim, mais gente que poltronas. Como você acha, então, que a empresa resolveu o problema? "Simples." Entraram no avião, agarraram um passageiro à força e o arrastaram pelo chão do corredor até a saída da aeronave. Algumas pessoas, no entanto, filmaram a cena, publicaram as imagens na internet e geraram 130 milhões de visualizações em apenas dois dias.[135] Após ter elogiado o trabalho dos funcionários,[136] o presidente da United voltou atrás e pediu desculpas. Mais uma vez, tarde demais. A massiva repercussão fez a empresa perder 1,4 bilhão de dólares em valor de mercado.[137]

Quando, anos atrás, essas situações ganhariam o mundo? Como alguém saberia disso? No passado, se você tivesse um problema com uma organização, era preciso mandar uma carta, enviar um e-mail ou ligar para uma central de atendimento. A empresa, por sua vez, recebia a reclamação, avaliava o caso e decidia o que fazer. Na maioria das vezes, restava às pessoas esperar. Não era incomum obter uma resposta só depois de meses ou não obter resposta alguma. E além de todas essas interações acontecerem em modo privado, longe do conhecimento da sociedade, era preciso contar com a boa vontade das companhias para julgar e resolver o transtorno.

A SOCIEDADE É A MÍDIA MAIS INFLUENTE DO SÉCULO XXI.

Agora, porém, você ganhou poder. Ninguém mais é refém dos outros. A tecnologia deu voz às pessoas e transformou a sociedade na mídia mais influente do século XXI. Rapidamente, os aborrecimentos particulares podem se tornar públicos, a reputação de uma marca pode desaparecer e o legado construído ao longo da vida pode sumir. Atualmente, qualquer ser humano é capaz de compartilhar opiniões e experiências por meio de ferramentas que atingem milhões de indivíduos. E ajudados pela internet, os clientes não só tomaram conta do relacionamento com as empresas, como fizeram do boca a boca uma arma de exposição global.

Além disso, você passou a acessar todas as informações necessárias antes de comprar algo. Não dá mais, portanto, para tratar as pessoas como no passado. Hoje, elas têm condições de saber tanto quanto especialistas, experts e autoridades. Por exemplo: você já deve ter pesquisado sobre os seus sintomas antes de ir ao médico. Se sim, que cara esse profissional fez quando ouviu as suas perguntas inteligentes? A reação não lembrou a expressão: "Como assim, quer saber mais que eu?". Pois é, agora, essa cena ocorre com qualquer indivíduo ou negócio, em qualquer hora e lugar.

Nesse ambiente onde o cliente é soberano, cinco atributos tornaram-se essenciais:

1. Integração. Cada vez mais pessoas usam inúmeros pontos de contato para aprender, descobrir, pesquisar, comprar e receber suporte. Integrar isso tudo é fundamental nos dias de hoje. Ser um negócio on-line ou feito de tijolos e argamassa não importa ao cliente. Ter centenas de lojas ou simplesmente nenhuma dá no mesmo. Agora, o foco deve estar na jornada do usuário, do início ao fim do relacionamento. Esse é o maior ativo dos negócios atuais. E como essa jornada é feita de várias interações diferentes, sua estratégia deve considerar múltiplas formas de convívio.

2. *Personalização.* Você já leu sobre isso aqui. Produtos e serviços genéricos não têm mais graça. Na ausência de individualização, distância e preço tornam-se os principais influenciadores da decisão de compra. Afinal, se todas as opções são parecidas, basta escolher a mais próxima ou barata. Em vez disso, soluções projetadas para tratar indivíduos diferentes de maneira diferente estão se tornando o antídoto para as estratégias de massa cada vez menos eficientes.

3. *Localização.* A tecnologia entrega a oferta certa, ao cliente certo e no momento certo. Mas ela vai além. Hoje, as pessoas vivem conectadas 24 horas por dia. Quando surge uma necessidade, elas sacam o celular dos bolsos e buscam conhecimento. Tanto é que mais de 80% dos proprietários de smartphones consultam o dispositivo enquanto caminham em uma loja.[138] Além disso, milênios preferem o YouTube quase duas vezes à televisão tradicional,[139] 60% dos usuários do Instagram conhecem marcas novas enquanto usam a ferramenta[140] e 55% das casas norte-americanas terão um assistente virtual inteligente, como Alexa e Google Home, até 2022.[141] Afinal, por que isso importa? Bem, é preciso saber onde o seu cliente está, que ferramentas ele usa e como a tecnologia afeta a sua vida. A forma como você interage com essas situações cria uma série de micropossibilidades fantásticas a serem exploradas.

4. *Socialização.* Vivemos uma economia conectada. Os consumidores recorrem às redes sociais para buscar inspiração, informação e validação. Se já era importante construir um excelente histórico quando a internet não existia, agora isso é vital. O universo on-line potencializa

tudo o que é dito sobre você. No entanto, com o avanço da infraestrutura de transmissão de dados, do número de pessoas conectadas e dos mecanismos de segurança digital, a socialização em escala tornou-se uma ferramenta poderosíssima para a geração de novas receitas, oportunidades e negócios.

5. Conexão. Com esse tsunami de opções, ofertas e concorrentes, ter notoriedade é uma questão de sobrevivência. Hoje, para uma solução ser considerada por alguém, é preciso mais que produtos e serviços. É preciso construir e cultivar conexões. Muitas indústrias sofrem por negligenciarem isso há décadas. Muitas livrarias, por exemplo, agonizam por jamais terem focado na experiência, na jornada e no ciclo de vida dos clientes. Elas simplesmente vendem inventário. Isso vale também para hotéis, supermercados e vários outros setores. Se o seu negócio se baseia em transações comerciais em vez de relações humanas, as chances de vê-lo durar são menores.

Assim, as vantagens históricas, construídas há anos, estão sendo desgastadas pelos avanços tecnológicos. Muita gente não percebeu isso. Novos hábitos e comportamentos estão redefinindo as estratégias que tornam um negócio relevante. Hoje, você não deve ter o direito de interagir com alguém. Você deve ter a permissão. E sabe como descobrir se você tem essa permissão? É simples. Digamos que você desaparecesse. Que parasse de enviar e-mails, newsletters e anúncios. Que não publicasse mais nada nas redes sociais, nos blogs e nos sites. Quantos indivíduos perguntariam se está tudo bem? Eles sentiriam a sua falta? Perceberiam a sua ausência? Se a resposta for não, você tem apenas o direito de se expressar socialmente. Ou seja, o seu negócio é meramente tolerado e pouca gente se importa. Já se a resposta for sim, você tem a permissão e o consentimento dos que lhe cercam. Nesse caso, as pessoas se interessam pelo seu trabalho e se dedicam a ele. Quando isso ocorre, você obtém o ativo mais nobre que um ser humano pode lhe dar: o seu tempo. E o valor desse ativo é inestimável.

Portanto, busque o menor mercado possível, traga o seu potencial cliente para dentro do processo produtivo e se conecte com ele por meio de histórias. Ao fazer isso, a chance de conquistar a atenção das pessoas aumenta. Não esqueça de tratar gente diferente de maneira diferente. Massas de hábitos iguais estão deixando de existir. Persistir em ser tudo para todos é um equívoco fatal. Por fim, saiba que cada sujeito desse mundo tem poder. Pela primeira vez na história, são as pessoas que constroem, promovem e preservam a imagem de um negócio, e não mais os profissionais de relações públicas.

CAPÍTULO 8

SER DIVERSO

AS DIFERENÇAS ESTIMULAM O INCOMUM

As massas estão deixando de existir. Você acabou de ler sobre isso. Dessa forma, o pensamento uniforme tornou-se incapaz de atender à sociedade cada vez mais diversa. Quando me mudei para o Vale do Silício, em 2015, pousei antes da *San Francisco Pride*,[142] a primeira parada LGBT[143] reconhecida globalmente e uma das maiores do mundo.[144] Novato na área, fui buscar moradia. Ao andar pelas ruas, visitar imobiliárias e procurar apartamentos, observei algo em todo lugar: a bandeira do arco-íris.[145] Ela representa o orgulho LGBT e foi criada na região em 1978. Seja em outdoors, postes ou praças. Lojas, restaurantes ou edifícios. Para onde eu olhava, o colorido desse símbolo estava lá.

Antes de continuar essa história, vale mencionar que o Vale do Silício abrigou inúmeros eventos importantes. Em 1849, quando foi descoberto ouro naquelas terras, milhares de chineses, europeus e latinos foram para lá e nunca mais voltaram. De um vilarejo de tendas, São Francisco virou um centro próspero e agitado.[146] Mais tarde, a cidade difundiu globalmente o movimento hippie. A geração *sexo, drogas* e *rock and roll*, o slogan *paz e amor* e o desacordo ao capitalismo formaram o ícone da contracultura que ganhou o mundo nos anos 1960.[147] Desde então, as drogas são um tema abertamente discutido na região. Na mesma época, o município de Berkeley – também situado nessa área – viu os estudantes da sua universidade realizarem um protesto massivo em favor da liberdade de expressão. Foi o primeiro ato generalizado de desobediência civil ocorrido dentro de um campus norte-americano.[148]

Há ainda a tecnologia, que atrai talentos. As startups, que reescrevem indústrias. E o *venture capital*, que investe no Vale cerca de 25% de todo o capital de risco do planeta.[149] Além disso, Stanford forma mais empreendedores que qualquer outra instituição global. UC Berkeley está entre as universidades com mais Prêmios Nobel do mundo.[150] E a Nasa emprega mais de 2 mil cientistas, doutores e pesquisadores.[151] Para completar, 50% da população nasceu fora dos Estados Unidos, 25 milhões de turistas visitam a região por ano[152] e cerca de 150 idiomas são falados diariamente.[153] É uma mistura enorme de raças, crenças e religiões. Backgrounds, valores e culturas. Tudo dentro de uma geografia minúscula, onde menos de 100 quilômetros separam uma ponta da outra desse ambiente.

Essa é a fotografia do Vale. É assim que ele se parece. Mas, afinal, por que falei disso? Bem, para voltar à celebração LGBT. Agora, você realmente entenderá sobre ela. No dia da parada, que ocorre anualmente em junho, fui até a principal rua de São Francisco. Ela fica fechada para o trânsito, pois é nela que acontecem as comemorações. Além de mim, uma multidão também estava lá. Indivíduos de diferentes orientações sexuais, culturais e religiosas. Brancos, negros e pardos. Gente de todas as idades, raças e cores. Rapidamente, percebi que o evento não apoia só uma causa. Mas, sim, a diversidade de uma sociedade inteira.

Desfiles ocorrem ao longo do dia. Espectadores assistem das calçadas. Pessoas desfilam nas ruas. É um formato que lembra o nosso Carnaval. Mas quem desfila? Bem, as próprias entidades e empresas da região. Seus funcionários formam alas e marcham em sequência. Um após o outro. Equipes da Apple, Amazon e Google. Twitter, Facebook e Uber. Tesla, Netflix e Airbnb. Colaboradores da Johnson & Johnson, Levi's e JP Morgan. Sephora, Disney e GoPro. Walmart, Visa e McDonald's. Gente de universidades, hospitais e companhias aéreas. Prefeitura, polícia e bombeiros. Times de basquete, futebol e baseball. Além de chineses e indianos. LGBTs e heterossexuais. Católicos e muçulmanos. Enquanto boa parte do mundo ainda cultiva preconceitos inúteis, o Vale festeja as multiplicidades, os seres variados que somos e os ideais heterogêneos que cultivamos. Não são as diferenças que nos dividem, mas a nossa incompetência de reconhecê-las, aceitá-las e celebrá-las.

Como você viu, o local vive de contrastes. A discordância de escolhas é imensa. A variedade de opiniões é enorme. E o convívio social tinha tudo para ser um caos. No entanto, aceitar a diversidade não só construiu a cultura do respeito ao próximo, como transformou a divergência em matéria-prima para fazer do Vale a região mais inovadora do planeta. O atípico não surge da harmonia. O inusitado não se manifesta na obediência. Para obter vantagem competitiva hoje, é preciso compreender o real sentido das diferenças. Cada vez menos oportunidades nascerão de conexões previsíveis. E mais aflorarão de associações incomuns.

Hoje, você deve ser capaz de conectar opiniões distintas. Por trás de temas supostamente não afins, existe um verdadeiro mar de possibilidades. E isso não é de agora. Basta ver a explosão cultural ocorrida na Itália quando a família Médici juntou indivíduos com diferentes habilidades, especialidades e talentos, como escultores, cientistas, poetas,

NÃO SÃO AS DIFERENÇAS QUE NOS DIVIDEM, MAS A NOSSA INCOMPETÊNCIA DE RECONHECÊ-LAS, ACEITÁ-LAS E CELEBRÁ-LAS.

filósofos, pintores e arquitetos. Imagine essa cena. Todos conversando, interagindo e compartilhando ideias entre si. O que poderia acontecer? Bem, dessa convivência riquíssima, nasceu o Renascimento, um dos períodos mais criativos da nossa história.

O cérebro não armazena informações como um dicionário. Ele não acha a palavra "cinema", por exemplo, embaixo da letra "C". Ao contrário, a expressão "cinema" é conectada a inúmeras experiências vividas e absorvidas ao longo do tempo. E no momento em que todas essas lembranças são consolidadas, o entendimento em relação ao tema é formado. Assim, quanto mais diversificada é a bagagem de alguém, mais conexões são feitas, mais cenários são observados e mais conclusões atípicas podem ser geradas. É disso que profissionais e empresas precisam. Gente previsível não tem valor. Falar apenas o que os outros querem não muda ninguém. Afaste-se da normalidade. Busque novas referências. Ouse de maneira contínua. Visto que a sociedade está cada vez mais organizada em nichos, atitudes esperadas farão de você um simples ser humano sem graça.

A criatividade é a arte de conectar coisas. Steve Jobs falava isso. Durante a sua vida, ele explorou inúmeras experiências que pouco se relacionam entre si, como a arte da caligrafia, a meditação na Índia e os finos detalhes da sua Mercedes-Benz. Dessa forma, o incomum é gerado por conexões desiguais e inusitadas. Pela capacidade de consolidar diferentes vivências e descobertas. Hoje, no entanto, essa habilidade virou mercadoria rara. Muitas pessoas não têm múltiplas bagagens. E como não há o que conectar, acabam produzindo soluções triviais e lineares. Quanto mais diversificado for o seu entendimento, maior será a sua capacidade de produzir estratégias originais que se afastam dos amontoados de soluções corriqueiras que existem por aí.

ALIANÇAS IMPREVISÍVEIS

A união de indivíduos iguais produz soluções iguais. Se você vive em um aquário e conversa com os mesmos vizinhos todos os dias, os resultados de hoje serão semelhantes aos de amanhã. Muitos sustentam que devemos trabalhar ao lado de pessoas parecidas conosco. Que compartilham gostos, hábitos e atitudes semelhantes. Inúmeros negócios são estabelecidos dessa forma. No entanto, estar cercado de profissionais que pensam, agem e vivem como você se tornou insuficiente para amparar esse mundo cada vez mais variado, sortido e diverso.

Hoje, observamos só uma pequena fração das transformações que virão pela frente. As tecnologias não existem no vácuo. Elas interagem entre si, potencializam soluções e aceleram avanços sociais. Quando isso acontece, o impacto é enorme. Assim, essa iminente avalanche de rupturas exige uma postura diferente. No lugar da uniformidade de opiniões, é preciso cultivar debates, discussões e questionamentos. Confrontar ideias, tendências e pontos de vista. Enquanto os ambientes homogêneos sustentam estabilidade, os heterogêneos sustentam mudanças.

Dessa forma, a maneira como as suas conexões são construídas deve refletir esse novo cenário. No âmbito pessoal, nunca foi tão necessário se expor. Desde 2015, por exemplo, busco conhecer uma pessoa por dia. Não importa quem. Onde trabalha, o que faz ou como vive. O fundamental é compartilhar histórias, desafios e opiniões com, no mínimo, sete indivíduos diferentes por semana. Ao mesmo tempo que falo e busco ajudar, escuto e recebo toneladas de ideias, insights e informações. Desafiar o modo de ver o mundo expande as possibilidades além do comum. Faz você sair do aquário. Das experiências mais improváveis podem surgir soluções às dúvidas que tanto possui. Das alianças mais imprevisíveis podem brotar as respostas que tanto procura.

Mas, afinal, como faço isso? Bem, não existe uma receita de bolo. Procuro ir a conferências, congressos e feiras. Palestras, exposições e happy hours. Participar desses eventos é tão importante quanto o próprio trabalho. Muita gente não entende isso. Faço cursos rápidos, utilizo espaços de *coworking* e navego pelo LinkedIn.[154] Peço aos meus contatos para indicarem outras pessoas. Promovo eventos na minha empresa. E ainda sobra tempo para shows, festas e viagens. Em todos esses lugares, dá para conhecer indivíduos incríveis. Visto que ninguém é uma ilha, você precisará de muita gente para erguer os seus sonhos, confrontar as suas ideias e torná-las mais fortes.

Só para você entender a importância disso. Larry Page e Sergey Brin, fundadores do Google, eram assíduos frequentadores do Burning Man,[155] um evento anual que ocorre nos Estados Unidos. Nele, uma cidade é montada no deserto, as atrações são organizadas pelos próprios participantes e não há compra ou venda de nada. Tudo é na base do escambo. Em um dia típico, é possível dançar até o amanhecer, explorar obras interativas, andar nu de bicicleta, usar drogas, assistir a palestras, além de *otras cositas más*. A diversidade de experiências é total. Não há nenhuma timidez quanto à privacidade. Foi lá, então, que os fundadores do Google contrataram o seu presidente.[156] Em 2001, a dupla levou Eric Schmidt ao festival e observou o seu comportamento naquele ambiente selvagem, volátil e colaborativo. E não deu outra. Eric passou no teste, saiu de lá empregado e ocupou o cargo até 2017.

No âmbito corporativo, a maioria dos negócios prefere trabalhar com parceiros tradicionais da sua indústria. No entanto, a pressão atual exige muito mais das empresas. Dessa necessidade, então, nascem cada vez mais conexões imprevisíveis. Hoje, por exemplo, a tecnologia forma um belo par com a indústria da música. Mas lá atrás, quando a Apple só fabricava computadores e aparelhos eletrônicos, aproximar

A FORÇA ESTÁ NAS DIFERENÇAS, NÃO NAS SEMELHANÇAS.

esses dois setores parecia insano. Em 2001, Steve Jobs lançou o iPod. No entanto, a experiência não lhe agradava. Na época, baixar e gerenciar músicas digitais era um horror. Logo, para as pessoas comprarem mais aparelhos, era preciso facilitar o acesso aos arquivos MP3. Daí, veio a sacada. Como os artistas estavam sofrendo com os serviços que ofereciam músicas de graça, Jobs negociou um acordo: ele compraria as canções por U$ 0,99 e as gravadoras receberiam legalmente os direitos autorais. Bingo! Rapidamente, Steve Jobs tornou-se o maior varejista de músicas dos Estados Unidos e a Apple mudou para sempre esse segmento.

Podemos, também, falar da Microsoft. Nos anos 1990, produzir videogames não estava nos seus planos. Todas as atenções eram voltadas ao Windows e às soluções do Office. Com o aumento das vendas de aparelhos eletrônicos, porém, Bill Gates teve uma ideia: criar algo para usar com a televisão. Apesar de o PlayStation parecer imbatível, ele entrou no mercado de jogos, lançou o Xbox em 2001[157] e diversificou a empresa de uma maneira diferente. Não desenvolvendo softwares, como estava acostumado, mas fabricando console de jogos eletrônicos. O produto ganhou o mundo.

Além disso, Spotify e Kunumi – startup brasileira de inteligência artificial – se juntaram para lançar uma música do rapper Sabotage mesmo depois de morto.[158] Mercedes-Benz e Starship se uniram para fazer delivery usando minicarros autônomos.[159] Macy's e Alibaba se associaram para criar um e-commerce em realidade virtual.[160] Da mesma forma, a Hershey's começou a fabricar chocolates com impressoras 3D.[161] O Hilton colocou robôs em seus hotéis para serem concierges.[162] E a Domino's passou a entregar pizzas utilizando drones.[163] Assim, a tecnologia está criando possibilidades jamais vistas. Alianças incomuns no passado estão se tornando frequentes hoje.

O coração de um ambiente diverso, então, reside na ocorrência de múltiplas influências. Na existência de diferentes visões de mundo entre participantes de uma mesma equipe, empresa ou comunidade. Seja no âmbito pessoal, seja no corporativo, relacionar-se com interesses, culturas e princípios distintos gera uma explosão ímpar de reflexões e possibilidades. Logo, a diversidade de pensamento é uma das armas mais poderosas que você pode ter. O problema é que esse tema se tornou mal interpretado nos últimos anos. Não há dúvidas, por exemplo, de que formamos uma sociedade multicultural. Mas, quando tratamos isso nas empresas, a discussão geralmente promove desunião, discriminação e preconceito. Ou seja, uma completa oposição aos reais benefícios da pluralidade. É por isso que essa conversa evolui lentamente. Em vez de aproximar, os atuais debates acabam afastando as diferenças.

Claramente, a variedade de culturas, experiências e personalidades impacta positivamente as ações de uma organização. Entretanto, as vantagens vão além. A diversidade também combate o pensamento coletivo. Ou seja, quando um modo de pensar torna-se tão habitual que os indivíduos passam a focar na harmonia do grupo, e não no melhor para a empresa. Nesse caso, os esforços para alcançar o bem-estar interno se sobrepõem às motivações para analisar visões diferentes. Como a maioria das pessoas age, pensa e vive da mesma forma, suas decisões inibem opiniões contrárias.

Esse fenômeno foi citado como uma das causas do trágico acidente com o ônibus espacial *Challenger*. Ocorrido em 1986, ele tirou a vida de sete astronautas.[164] O inquérito oficial descobriu que o mau funcionamento de uma peça fez o foguete explodir 73 segundos após o lançamento. No entanto, a comissão designada pelo presidente norte-americano também apontou uma série de falhas nas decisões tomadas pela Nasa. Preocupações com essa peça já existiam há anos. Inclusive, na reunião anterior ao voo, os engenheiros insistiram pelo adiamento da missão. Mas não era isso que os gestores queriam ouvir. O pensamento coletivo das lideranças ignorou a recomendação contrária e eles seguiram com o plano. Criar um ambiente que rejeita conflitos pode levar a decisões catastróficas como essa.

No passado, a informática era tipicamente vista como um centro de custo das organizações. Em vez de estar associada ao crescimento do empreendimento, as pessoas a consideravam um gasto necessário para a engrenagem funcionar. Hoje, porém, esse setor virou um dos mais importantes de qualquer companhia. Um gerador de receitas que impulsiona a estrutura inteira. É cada vez mais comum, por exemplo, ver diretores de tecnologia tornarem-se presidentes de empresas. Assim como eles, enxergo os profissionais de diversidade evoluírem da mesma forma. Das 500 maiores corporações do mundo, 20% delas, inclusive, já possuem esse cargo.[165] Os líderes dessas áreas são responsáveis pela formação de um ambiente diverso, repleto de gente heterogênea. Em breve, então, suas atribuições lembrarão o escopo de atuação dos profissionais de tecnologia. Não para garantir o funcionamento dos sistemas de informação, mas para assumir papéis estratégicos na construção de novos modelos de negócios.

Assim, seja tocado pela diversidade. Deixe ela ser uma constante em sua vida. Converse com pessoas que fazem você enxergar o mundo de outras formas. Valorizar e promover a união dos opostos enriquece a experiência de todos, estimula o crescimento e gera oportunidades não esperadas. Fazendo isso, você já dará passos largos rumo à construção de alianças imprevisíveis capazes de aprimorar produtos, serviços e soluções.

APROXIME-SE DE PESSOAS QUE FAZEM VOCÊ ENXERGAR O MUNDO DE OUTRAS FORMAS. É ASSIM QUE O INESPERADO APARECE.

DIVERSIDADE NÃO SE IMPORTA COM FALHAS

Boston é um dos maiores centros de inovação do planeta. A atividade empreendedora da região localiza-se ao longo da Rota 128, uma rodovia que circula a cidade. Inúmeras startups, investidores e universidades de ponta – como Harvard, MIT e Yale – estão por lá. No passado, esse lugar chegou a ser mais associado à tecnologia que o próprio Vale do Silício.[166] Hoje, porém, se você falar sobre a Rota 128 para alguém, pouca gente saberá o que é, onde fica e qual a sua importância.

Para você ter ciência, entre as décadas de 1960 e 1980, a Rota 128 abrigava empresas como a Digital Equipment Corporation, Wang Laboratories e Prime Computer. As três fabricavam minicomputadores, equipamentos que possibilitaram a informatização de várias companhias e foram fundamentais na história da tecnologia. Apesar de serem do tamanho de uma lava-roupas, eram chamados de "míni" só porque seus antecessores ocupavam uma sala inteira. A região também estava próxima de grandes centros de pesquisa corporativa, incluindo a Bell Labs, inventora do transistor – componente eletrônico que possibilitou a criação de sistemas digitais extremamente pequenos. Mesmo com essas vantagens, Boston, porém, não foi capaz de vencer a concorrência dos computadores pessoais, menores e mais baratos, que começaram a ser produzidos no Vale por empresas como a Apple.

De que forma, então, isso aconteceu? Bem, o livro *Regional Advantage*[167] apresenta diversos motivos que fizeram o Vale do Silício superar a Rota 128 como ambiente mais inovador do mundo. Os profissionais de Boston, por exemplo, procuravam trabalhar a vida inteira em uma única companhia. Trocar de emprego era um insulto à tradição das famílias locais. Além disso, as inovações eram controladas pelas grandes e hierárquicas corporações. Elas guardavam secretamente todas as ideias, projetos e conhecimentos que possuíam.

Já no Vale, nada disso existia. Era comum ver indivíduos migrando de uma organização para outra. Muitos, inclusive, saíam para fundar novas startups e competir com seus antigos empregadores. As informações circulavam abertamente. Não havia restrição. O ecossistema era baseado em trocar ideias, empreender e assumir riscos. A estrutura horizontal, que permitia às pessoas virarem sócias das empresas, foi um ímã para atrair talentos e imigrantes do mundo inteiro. Além disso, enquanto as instituições de ensino e pesquisa de Boston interagiam só com grandes corporações, as do Vale também se relacionavam com firmas recém-estabelecidas.

De um lado, então, havia controle, segredo e tradição. Do outro, colaboração, compartilhamento e desordem. Teve, porém, mais um fator. Em Boston, a maioria dos empreendedores estava a poucas horas de seus parentes e amigos. Era só pegar um carro e visitá-los. Em geral, as pessoas se conheciam bem. Sabiam da sua família, negócios e posses. Do seu sobrenome, reputação e prestígio. Dessa forma, hábitos contrários aos costumes centenários eram julgados, rotulados e reprimidos. Ao pedir demissão de uma empresa, por exemplo, um jovem escutava poucas e boas dos seus pais. Se resolvesse montar algo com uns amigos, aí sim o bicho pegava. Que amizades são essas? Onde estudaram? De quem são filhos? Vai criar um negócio com eles? Já imaginou o que falarão de você? Bem, essa era a realidade de quem desafiava os padrões. A vontade de conservar a normalidade era enorme.

Além disso, como as pessoas eram parecidas e preocupadas com as aparências, pouca gente ousava. Ninguém colocava em risco o legado das gerações anteriores. Quem se arriscava, empreendia e falhava, infelizmente, acabava diminuído pela sociedade. Potenciais fracassos, portanto, envergonhavam famílias inteiras.[168] Em contrapartida, quando um indivíduo pousava no Vale, imediatamente rasgava seu nome, sobrenome e história. Sua herança, estima e passado. Cercado de gente estranha, que não conhecia nada da sua vida, esse aventureiro começava a se reinventar. Passava a questionar e desafiar limites. Experimentar e provar novidades. Tudo sem dar a mínima para a opinião dos outros. Enquanto agia assim, seus familiares – em algum lugar do mundo – jamais ficavam sabendo.

Em ambientes heterogêneos, que não se importam com a casta de ninguém, a audácia impera. Discussões e debates são comuns. Testes e erros são frequentes. Falhar, portanto, não é problema. Assumir riscos faz parte da cartilha de sobrevivência. Para empreender, é preciso bater a cabeça algumas vezes. Assim, quando uma pessoa fracassa, ela apenas saltou de uma tentativa para outra. Só isso. Ninguém aponta ou julga o esforço frustrado. Uma única dúvida mata mais sonhos que inúmeros fracassos jamais matarão.

Pense nisso ao construir sua vida, carreira ou negócio. Quando pessoas se reúnem para resolver problemas, elas costumam ter ideias, opiniões e perspectivas diferentes. Afinal, ninguém é igual a ninguém. Cada ser humano é exclusivo. Mas, em grupos homogêneos, a tendência dos membros é facilmente chegar a um um acordo, consenso e decisão. Poucos ousam questionar ou assumir riscos. Eles preferem permanecer em um presente infeliz do que avançar a um futuro incerto. A falta de diversidade, portanto, é uma barreira colossal para qualquer iniciativa que desafia a tranquilidade.

Além disso, é comum ver profissionais saírem entusiasmados de reuniões, prontos para executar projetos incríveis. No entanto, o que acontece depois? Nada. O que é feito? Nada. As pessoas, em geral, reconhecem que devem agir, criar estratégias e promover mudanças.

UMA ÚNICA DÚVIDA MATA MAIS SONHOS DO QUE INÚMEROS FRACASSOS JAMAIS MATARÃO.

Mas quando o comportamento do grupo é uniforme, poucas assumem o risco de começar algo novo. Ninguém quer se expor a potenciais insucessos, fiascos e adversidades. Preferem responsabilizar o time pela falta de iniciativa do que elas mesmas pela falta de coragem.

Assim, afaste-se de ambientes intolerantes a erros. Pode parecer estranho, mas o perigo não está em definir um objetivo alto e falhar. Mas em definir um objetivo baixo e facilmente alcançá-lo. Quanto à Rota 128, ela continua sendo um dos lugares mais inovadores do mundo. Suas instituições de pesquisa são fantásticas. O ecossistema de startups é aquecidíssimo. Há, de fato, muita transformação sendo produzida na região. Em algumas áreas, inclusive, ela supera o Vale. Mas se a história entre os anos 1960 e 1980 tivesse sido diferente, talvez Google, Uber e outras empresas pudessem ter vindo de lá.

CAPÍTULO 9

MORTAIS COMO VOCÊ E EU

POSSIBILIDADES ATUAIS ESTIMULAM NOVOS NEGÓCIOS

Nos últimos capítulos, mostrei cinco habilidades e competências que você precisa desenvolver para se manter competitivo atualmente. Acontecimentos inimagináveis anos atrás hoje já são reais. Verdades absolutas no passado agora são questionadas. Todas as regras que conhecemos estão, de certa forma, sendo desafiadas, apagadas e reescritas. Assim, estar na vanguarda da sua carreira ou da sua indústria exige o cultivo de hábitos pouco estimulados até então.

Até aqui, citei inúmeras pessoas e empresas que estão desafiando a normalidade das coisas, aprimorando mercados inteiros e fazendo o ser humano se redescobrir como indivíduo. Adoro exemplos. Eles ilustram, esclarecem e ajudam a compreender os fundamentos que auxiliam as mudanças. Para aprofundar isso, vou mostrar mais referências. Assim, nos próximos parágrafos, você conhecerá 12 brasileiros e brasileiras que adotaram as competências deste livro para encarar novos desafios na vida, mudar carreiras ou aprimorar negócios. Conheci essa turma nos programas que a minha empresa – StartSe – promove no Vale do Silício.

São exemplos práticos, de gente como você e eu, que mostram a aplicação desses conceitos na realidade do nosso país.

A tecnologia, como você sabe, empodera as pessoas. O mundo atual oferece condições inéditas. Observe a postura desses profissionais diante desse novo cenário. Veja como pensam e se comportam. Em vez de esperar pelos outros, esses indivíduos assumiram as rédeas da própria vida, fizeram novas descobertas e ampliaram fronteiras. Espero que você tenha excelentes insights ao ler os próximos parágrafos.

RODRIGO SCHIAVINI, 39 ANOS

Rodrigo trabalhava com comércio eletrônico e não acreditava nesse papo de propósito. Achava bonito, mas pouco aplicável à intensa rotina que vivia. Uma ida ao Vale do Silício em 2016, porém, mudou tudo. Lá, conheceu uma geração de empreendedores que vive pela sua causa e fala disso diariamente. Aprendeu o conceito de *propósito transformador massivo*,[169] que, em vez de descrever uma empresa pelas suas atividades, a define pela sua ambição. Ou seja, por um desejo capaz de capturar o coração e a mente das pessoas. Também viu uma explosão de novas tecnologias, produtos e serviços. Todas incríveis e prestes a impactar a dinâmica do seu setor. Aquela viagem, portanto, o motivou a romper com as próprias verdades e buscar outras formas de trabalho.

Ao voltar para o Brasil, Rodrigo definiu o seu propósito: personalizar as compras pelo mundo. Na sequência, fundou a SmartHint,[170] uma ferramenta de inteligência avançada para ser integrada às lojas virtuais. Ela recomenda produtos dessas lojas de acordo com o perfil de navegação dos usuários. Na época, os maiores comércios eletrônicos já tinham isso. Mas os menores não. Assim, como a ambição da empresa é customizar globalmente as compras, não fazia sentido construir algo só para os grandes. Esse segmento já era atendido. O serviço, então, foi criado para dar suporte aos pequenos e médios lojistas. Ou seja, quem ainda era carente desse tipo de solução.

Um propósito é muito maior que uma empresa. Ele transcende a quantidade de clientes captados, receitas geradas e ganhos obtidos. Quando a razão pela qual o seu negócio existe é clara, as decisões são bem mais simples de serem tomadas. Em 2018, a SmartHint já era usada em quase 4 mil lojas do Brasil, do Chile, da Argentina, da Colômbia e do México. E, enquanto a taxa de conversão do comércio eletrônico brasileiro é de 1,65%,[171] esse número aumenta em média 30% nos estabelecimentos que usam a tecnologia do Rodrigo.[172]

No entanto, para alcançar esses resultados, a solução precisava ser simples. Sem nenhum tipo de configuração. O objetivo era iniciar o serviço com apenas um clique. Tudo de maneira instantânea. Dessa forma, Rodrigo passou a questionar os paradigmas da sua indústria. Por que alguém deve configurar a ferramenta? Como ela pode funcionar sozinha? O que precisamos fazer para não existir manutenção? Essa obstinação pela simplicidade fez com que 95% das instalações se tornassem automáticas. Só 5% são manuais.

Além disso, tudo é feito com os clientes. Cerca de 50 lojistas testam as novas versões antes de serem lançadas. Algumas funcionalidades, inclusive, nasceram de sugestões feitas por eles. Para finalizar, a próxima curva está logo ali. Ao navegarem em um e-commerce que utiliza a solução da SmartHint, os usuários geram toneladas de dados. No entanto, só 5% deles são captados. A empresa ainda é jovem e está se estruturando para processar todas as informações disponíveis. As oportunidades de incremento, dessa forma, são enormes e tentadoras.

"O PROPÓSITO É MUITO MAIOR QUE UMA EMPRESA. ELE TRANSCENDE A QUANTIDADE DE CLIENTES CAPTADOS, RECEITAS GERADAS E GANHOS OBTIDOS."

Rodrigo Schiavini

VANDERLEI CARDOSO, 46 ANOS

Nascido em família rural, de 11 irmãos, Vanderlei viu o pai quebrar financeiramente aos 65 anos. Adolescente, na época, ele tomou uma decisão: trabalhar primeiro no negócio dos outros – para aprender – e só depois criar o próprio. Com isso em mente, atuou por décadas como executivo de várias organizações. Em 2008, então, perto do nascimento da sua segunda filha, decidiu empreender. Fundou uma empresa de logística em Guarulhos e passou a atuar em todo o Brasil.

Após ir ao Vale do Silício, porém, Vanderlei buscou um objetivo maior. Algo capaz de transformar mais vidas. Dessa forma, ao notar que vários negócios ainda não investem em capital humano, seja pela falta de conhecimento ou pelo dinheiro, ele teve uma ideia. Que tal usar a tecnologia para resolver isso? Assim, a GP Result[173] nasceu. Lançada em 2018, a empresa oferece assessoria on-line de Recursos Humanos (RH) para pequenas e médias empresas. Por meio de Inteligência Artificial e outros recursos, a solução estrutura uma área de gestão de pessoas dentro das organizações.

Junto com a sua sócia, Sonia Padilha, construíram um serviço de RH digital com características de consultoria presencial. O modelo é tão transformador que, ao conversar com referências desse mercado, se depararam com profissionais ultraconservadores, resistentes e apegados à economia convencional. Em 2017, ambos foram a um dos maiores eventos de RH do Brasil. Nele, há uma premiação para os melhores do ano. No entanto, nenhuma categoria era destinada à inovação. Com o objetivo de colaborar, marcaram uma reunião com os organizadores. Nela, sugeriram a criação de algum tipo de reconhecimento para quem está construindo soluções diferentes. No entanto, depararam-se com um ambiente fechado e pouco receptivo a mudanças.

Decididos a romper com os padrões, a dupla se afastou das autoridades e se aproximou dos clientes. Por ser 100% on-line, muitos usuários acharam o serviço intangível. Havia receio quanto à adoção dessas novas tecnologias. Assim, a GP mudou e se tornou uma empresa *omnichannel*. Ou seja, um negócio que utiliza vários canais de venda, inclusive o presencial. A partir daquele momento, os consumidores passaram a comprar a solução da GP pelo site ou também por vendedores. Fazer com as pessoas em vez de para elas foi fundamental para identificar essa necessidade.

A primeira parceria da GP foi realizada com um banco de currículos. Havia 8 milhões de cadastros à disposição. Em um primeiro momento, Vanderlei e Sonia comemoraram. No entanto, passada a euforia, notaram que essas informações poderiam estar desatualizadas. Se isso fosse verdade, toda a estratégia da GP seria comprometida. Dessa forma, o relacionamento com o parceiro foi cancelado e eles desenvolveram a própria base de currículos. Na sequência, já pensando na próxima curva, uniram-se ao IBM Watson[174] e começaram a trabalhar os dados em âmbito global.

Assim, nessa explosão de novas possibilidades, Vanderlei reconstruiu-se como indivíduo. Aos 46 anos, trabalha para massificar e disponibilizar os serviços de RH ao maior número de empresas. Isso empodera as pessoas, melhora a sociedade e transforma o país.

ALESSANDRA MORELLE, 45 ANOS

O ambiente onde se pratica a Medicina, como hospitais e consultórios, ainda é repleto de hierarquias. Há inúmeras barreiras para novos procedimentos serem aceitos, usados e prescritos. Em geral, a natureza dessa atividade conserva traços autoritários. Enquanto o médico tem o poder da verdade, o paciente tem o dever da obediência. Isso, porém, está mudando.

Alessandra é médica oncologista. Ou seja, trata indivíduos com câncer. Ciente dos avanços tecnológicos em curso, ela acredita que a relação médico-paciente será cada vez mais colaborativa. Em breve, as pessoas poderão acionar os profissionais de saúde com o diagnóstico já pronto. Dispositivos vão monitorar o nosso corpo, identificar doenças e sugerir tratamentos. Será possível, por exemplo, saber se um sintoma de dor abdominal é um problema grave – como perfuração intestinal – ou uma simples infecção. Assim, a atuação médica caminha para ser pontual, assertiva e direcionada pelo próprio paciente. Isso exigirá uma profunda atualização dos especialistas desse setor.

Com isso em mente, Alessandra e outros sócios criaram o Tummi,[175] um aplicativo para facilitar o tratamento de pessoas com câncer. Em vez de falecer pela doença, muita gente morre por complicações geradas pela própria medicação. Em alguns casos, 50% dos óbitos que ocorrem nos primeiros 30 dias de quimioterapia são causadas por eventos adversos das drogas utilizadas.[176] A identificação precoce desses problemas, portanto, poderia salvar vidas.

Usando a tecnologia para fazer evoluir os procedimentos atuais, a solução de Alessandra permite que os pacientes quimioterápicos relatem diariamente os seus sintomas em uma plataforma digital. De maneira simples, eles informam o seu estado de saúde e são monitorados a distância. Ao identificar algo suspeito, então, a equipe médica contata o indivíduo, o leva para o hospital ou vai até ele. Nos Estados Unidos, alternativas manuais que seguem esse fluxo reduziram em 7% o número de visitas desnecessárias às salas de emergência e melhoraram em 34% a qualidade de vida dos pacientes.[177] A proposta do Tummi, portanto, é fazer esse acompanhamento on-line.

Além disso, Alessandra já olha a próxima curva do seu produto. Em parceria com outra empresa, ela está desenvolvendo uma estação de saúde pessoal, com inteligência artificial, para os pacientes usarem em casa. Dessa forma, além dos sintomas informados pelo aplicativo, será possível coletar medidas de pressão arterial, amostras de sangue e outras informações do corpo. Tudo isso, então, poderá melhorar o trabalho dos médicos e salvar a vida de um número maior de pessoas.

AMIT EISLER, 33 ANOS

Amit era diretor de e-commerce da Xiaomi para a América Latina. Fundada em 2010, a empresa chinesa é uma das maiores distribuidoras de produtos eletrônicos do mundo. Em meados de 2016, Ilan Vasserman, amigo de infância que havia morado nos Estados Unidos, contou para Amit sobre a revolução que estava ocorrendo no mercado norte-americano de colchões. A milenar indústria do sono passava por uma transformação sem precedentes. E uma das causadoras dessa ruptura tinha nome: eram as chamadas DNVBs, ou *Digitally Native Vertical Brands*.[178]

Talvez você não saiba, mas uma DNVB representa um novo tipo de empresa. Ela é uma marca, sem intermediários, que desenvolve produtos e os vende diretamente ao consumidor. Não há terceiros no meio do processo, pois ela controla toda a cadeia. Da fabricação à entrega. Os clientes, em geral, interagem com a empresa de várias formas. On-line ou presencialmente. E, ao contrário das startups, que normalmente investem alta tecnologia no produto, uma DNVB se diferencia por aplicar muita inovação no modelo de negócios – e não só no produto. O Dollar Shave Club, um clube de assinaturas que oferece lâminas de barbear e outros produtos masculinos, comprado por 1 bilhão de dólares pela Unilever, e a vendedora de óculos Warby Parker são dois dos mais conhecidos exemplos de DNVBs.[179]

Em função do potencial, Andreas Burmeister, que também trabalhava na Xiaomi, se juntou à dupla. E com o propósito de redefinir a relação das pessoas com o sono, os três largaram o emprego e fundaram a Zissou,[180] uma das primeiras DNVBs do Brasil. Amit e sua turma são maníacos por entregar a máxima experiência aos clientes. Usando muita tecnologia em diferentes áreas do negócio, como comunicação, ponto de venda e entrega, eles buscam construir uma marca inspiradora, capaz de gerar mais intimidade e conexão com a sociedade.

Tudo relacionado a essa indústria foi questionado. Pré-venda, venda e pós-venda. Você já deve ter comprado um colchão e sabe bem como funciona. Esse produto é produzido e vendido da mesma forma há décadas. Só para você ter uma ideia, o colchão deles é entregue dentro de uma caixa retangular que cabe no elevador ou no porta-malas de um carro. Isso reduz significativamente os gastos com transporte e instalação. Além disso, como muita gente tem vergonha de experimentar um colchão em uma loja, Amit oferece a Casa Zissou. Localizada em São Paulo, ela é dividida em pequenos espaços privados para os consumidores testarem o produto como se estivessem no conforto do seu lar. Observe, então, como um segmento tradicional, dominado por grandes corporações, pode ser desafiado. Amit e seus amigos não só focaram no produto, como também na experiência completa do usuário.

O desenvolvimento do colchão demorou um ano. Em todo o processo produtivo, os clientes participaram ativamente. Foram eles que adaptaram a mercadoria às condições climáticas do Brasil e ao estilo de vida dos brasileiros. Em doze meses, a Zissou já havia faturado 2 milhões de reais. Em dezembro de 2017, foi escolhida para equipar os 60 quartos do Hotel Fasano Angra dos Reis.[181] E apesar de parecer fácil, a jornada foi uma verdadeira montanha-russa. Só dezoito meses depois de se demitirem, os três conseguiram receber o primeiro salário da nova empresa. Mas eles devem concordar comigo que todo o sacrifício está valendo a pena.

AMBIENTE INOVADOR EXIGE EMPRESAS DIFERENTES

RODRIGO VIEIRA, 44 ANOS

Fundado em 1976, o TozziniFreire[182] é um dos maiores e mais tradicionais escritórios de advocacia do Brasil. O mineiro Rodrigo, um dos sócios, iniciou 2016 incomodado. Diariamente, notícias de negociações envolvendo startups não paravam de pipocar em seu e-mail. Quem presta serviços jurídicos para essas empresas? São os escritórios grandes? Os menores? Será que elas começam com os menores e mudam para os grandes quando crescem? Bem, esses questionamentos não saíam da sua cabeça.

Na época, várias startups estavam captando recursos. Certo dia, dois empreendedores o procuraram com uma demanda jurídica específica. Como o projeto era interessante, a necessidade foi atendida. Meses depois, essa startup recebeu uma rodada de investimento. Inúmeros jornais noticiaram isso. O TozziniFreire, porém, não foi envolvido e Rodrigo não sabia o porquê. Aquilo, então, foi um balde de água fria. O mercado, nitidamente, estava em transformação. A pergunta era: como encantar essa recente geração de empreendedores? Como gerar valor nesse novo ambiente de negócios?

Disposto a evoluir, o advogado usou as férias de 2017 para fazer cursos, estudar o assunto e conhecer ecossistemas de inovação pelo mundo. O aprendizado foi um verdadeiro divisor de águas. Rodrigo

"ENCONTRAR NAS LIDERANÇAS UM AMBIENTE FÉRTIL PARA AS TENTATIVAS INCOMUNS É FUNDAMENTAL PARA O SUCESSO."
Rodrigo Vieira

vivenciou a mentalidade da colaboração, da convivência e da troca de informações. Ou seja, a típica cultura das startups. Para ir além, então, era preciso mergulhar de cabeça nesse mundo. Assim, negociou com o TozziniFreire para sair da área onde trabalhava e se dedicar integralmente às startups. O escritório topou na hora. Encontrar nas lideranças um ambiente fértil para essas tentativas incomuns é fundamental para o sucesso.

Como Rodrigo não sabia por onde começar, aproximou-se da ACE,[183] uma das melhores aceleradoras de novos negócios da América Latina. Lá, ofereceu mentoria e assessoria às startups. Inicialmente, achou que trabalharia questões contratuais, societárias e outras demandas jurídicas. No entanto, depois de atender as primeiras empresas, Rodrigo observou que precisaria oferecer mais. Na verdade, muito mais. Era necessário entender o momento do empreendedor. Como essas pessoas pensam, falam e atuam em diferentes fases do negócio. Observe, então, a importância de fazer com o cliente. É mais fácil identificar erros e acertos quando o próprio usuário participa da construção da solução.

Dessa forma, o TozziniFreire e a ACE escreveram um e-book, chamado *Como estruturar juridicamente a sua startup*.[184] Com uma linguagem simples, o guia apresentava as necessidades jurídicas para as diferentes fases do empreendedor. O livro, em pouco tempo, foi um sucesso. Como consequência, inúmeras startups começaram a solicitar os serviços do escritório. Em paralelo, Rodrigo observou que várias delas poderiam melhorar os processos do próprio TozziniFreire. Logo, essas soluções foram contratadas e usadas. Para você ter ideia, a empresa reduziu em 50% o tempo gasto para elaborar certos documentos, como contrato social, de trabalho ou prestação de serviços. Foi um avanço e tanto.

Apesar do progresso, Rodrigo ainda se questionava em relação à cultura. Ele queria ver mais pessoas colaborando entre si. Para estimular isso, algumas iniciativas nasceram. Salas de reuniões informais foram criadas – uma, inclusive, no jardim. Eventos para startups tornaram-se frequentes. O projeto *Tozzini Tech & Future*, destinado às corporações, passou a discutir os aspectos jurídicos das novas tecnologias. Já o *Smart Lawyers*, reservado ao time interno, começou a mostrar o impacto das inovações nos clientes do escritório. Tudo regado a pizza e descontração.

No entanto, os profissionais do TozziniFreire que atendiam startups costumavam trabalhar juntos. Ou seja, eles conviviam, conversavam e almoçavam sempre com as mesmas pessoas. Não havia diversidade. Era preciso mudar. Rodrigo, então, estimulou o convívio dos advogados com profissionais de outras áreas. Como? Alugando posições em um espaço de *coworking* – chamado WeWork[185] – e motivando o trabalho de lá. Até uma campanha interna, chamada *We Love WeWork*, foi criada para qualquer funcionário compartilhar essa nova experiência.

Veja, portanto, como um escritório de advocacia tradicional se moveu para atender um setor completamente novo. Ao dar segurança jurídica ao ecossistema empreendedor, Rodrigo e o TozziniFreire contribuem para tornar a economia brasileira mais forte e competitiva.

FÁBIO SANT'ANNA, 42 ANOS

Fábio é diretor de Gente & Gestão na Dotz, o programa de fidelidade líder do varejo brasileiro.[186] Nele, você acumula pontos ao comprar em lojas parceiras e pode trocá-los por passagens aéreas e milhares de produtos. Entre 2009 e 2015, o faturamento da empresa aumentou quase 40 vezes. Ou seja, um avanço fantástico. No entanto, os tempos eram outros. Fábio e sua turma sabem que para crescer hoje é preciso fazer diferente.

Para isso, uma das iniciativas foi criar o *Dotz Next Innovation*, uma célula de inovação separada do restante da companhia. É como se fosse uma startup paralela à estrutura tradicional. Seu objetivo é reescrever o negócio, transformar a corporação e construir a Dotz do amanhã. Presente em São Paulo, Recife e Vale do Silício, essa equipe analisa não apenas o setor de fidelidade, mas todos os setores onde a organização pode atuar. Você se lembra das alianças imprevisíveis no capítulo anterior? Pois é, trabalhar multimercados faz parte da estratégia. Além disso, há total empoderamento dos profissionais desse time. Eles testam limites, desafiam fronteiras e desenvolvem soluções que podem, inclusive, canibalizar o que a empresa faz hoje. Como a realidade futura não será a mesma da presente, esse grupo é estimulado a empreender inovações disruptivas de verdade.

Outra iniciativa foi o *Projeto Render Mais*. Como a proposta da Dotz é fazer a vida das pessoas e dos parceiros render mais, a vida dos colaboradores também precisava render mais. Assim, a empresa estabeleceu um conjunto de práticas que reconhece os indivíduos mais alinhados à cultura da organização. Parte desse reconhecimento, por exemplo, é feita com pontos no programa de fidelidade da Dotz. Ou seja, isso incentivou os funcionários a usarem o próprio produto da empresa. Veja que fantástico! Além de viverem a experiência do cliente na prática, eles entendem como o seu trabalho impacta o dia a dia das pessoas. Em 2017, quando o *Render Mais* foi lançado, só 20% dos funcionários usavam o programa da Dotz. Em 2018, a adesão já era de 95%.

O trabalho remoto também é incentivado. Um dia por semana, cada colaborador pode executar suas atividades de casa ou qualquer outro lugar. Além disso, funcionários são estimulados a se comportarem como empreendedores. No *Programa 1 Milhão de Dotz*, eles se organizam em times, montam um projeto e apresentam às lideranças. Os cinco melhores são escolhidos. Cada um recebe 10 mil reais e 100 mil Dotz – que é o nome dado à moeda virtual da empresa. Esse dinheiro é usado para contratar recursos e desenvolver uma prova de conceito. Ou seja, os grupos estabelecem protótipos e modelos práticos para determinar a viabilidade dos projetos. No final, o time vencedor recebe 1 milhão de Dotz. É como criar uma startup dentro da nave mãe. O programa acontece a cada trimestre. E muitas ideias que ali nascem acabam indo ao *Dotz Next Innovation* para serem aprimoradas.

A colaboração é outro aspecto valorizado. Para isso, não há divisórias ou lugares fixos no escritório. O mesmo vale para a diversidade. Em 2015, os programas de trainee eram moda na companhia. No entanto, seus benefícios não estavam claros. Fábio queria achar outros caminhos. Certo dia, Roberto Chade, fundador da Dotz, fez uma provocação. Depois de assistir ao filme *Um Senhor Estagiário*,[187] no qual Robert De Niro interpreta um idoso que se torna estagiário de uma empresa, ele falou sobre a dura realidade vivida por inúmeros brasileiros de mais idade. Desempregados, vários não conseguem recolocação no mercado e ficam à margem da sociedade. Daí veio a ideia. Como 80% dos funcionários da Dotz tinham menos de 35 anos, Fábio criou o *Geração Sênior*, um programa para contratar profissionais da terceira idade. O objetivo era aproximar a juventude da empresa com a maturidade dessas pessoas. Depois de falar sobre isso para a revista *Exame*,[188] Fábio recebeu mais de mil inscritos e contratou um punhado deles. Ver cinquentões entre a garotada se tornou comum.

Como você percebeu, inovação é pauta estratégica para a Dotz. E não pontual. Um comitê de gestão, composto pelos principais executivos da empresa e liderado por um conselheiro externo, questiona regularmente as necessidades culturais e tecnológicas para o negócio avançar regularmente. O que Fábio e a Dotz querem é ver aquele crescimento exponencial de 2009 a 2015 se repetir no futuro.

ROCHELLE SILVEIRA, 24 ANOS

Aos 16 anos, Rochelle começou a empreender. Em 2009, ela e seu irmão queriam levar o turismo brasileiro à internet. Para isso, criaram um e-commerce de reserva de hotéis em Gramado, Rio Grande do Sul. Em vez de monetizar o site com anúncios, os dois recebiam uma comissão por cada venda realizada na plataforma. Imagine a dificuldade, na época, para convencer potenciais clientes a comprarem on-line? No fim daquele ano, eles comercializaram 120 mil reais em hospedagens. Ou seja, com 10% de comissão, a dupla embolsou 12 mil reais.[189] Apesar de parecer pouco, Rochelle viu futuro.

Motivada, a gaúcha começou a falar com clientes – e não com empresários – sobre como um quarto ou um passeio turístico poderia ser reservado de modo rápido, simples e antecipado. Com as melhorias, então, sua plataforma tornou-se mais eficiente. Tanto que os hotéis da região começaram a utilizá-la nos próprios sites. Só para você ter ideia, Rochelle vendeu 1,4 milhão de reais em 2010, 4 milhões de reais em 2011 e 8 milhões de reais em 2012. Um avanço *trilegal*, como dizem meus conterrâneos, mas que só dava para pagar as contas. Como a empresa cresceu, os gastos também aumentaram.

Em paralelo, havia um problema. Para cada novo estabelecimento que desejava usar o e-commerce dos irmãos, era preciso obter uma liberação das administradoras de cartão de crédito. E isso demorava até 120 dias. Como havia um duopólio entre Visa e MasterCard na época, o Brasil inteiro ficava na mão deles. No entanto, a entrada da GetNet – vendida ao Santander por mais de 1 bilhão de reais[190] – acabou com essa exclusividade e abriu portas para o surgimento de outras soluções.

Em 2012, então, Rochelle e Arthur fundaram a Bela Pagamentos.[191] Além de desenvolver sistemas de gestão para hotéis, parques e agências de turismo, a empresa passou a oferecer meios de pagamento com preços justos e competitivos. Sem taxas escondidas ou letras miúdas, *Use Enquanto Amar* virou um mantra compartilhado com usuários, clientes e parceiros. O antigo e-commerce, então, tinha acabado de se tornar uma instituição financeira regulada pelo Banco Central.

Com essa mudança, a Bela expandiu. E tudo com 12 pessoas. De dia, vendiam a plataforma, atendiam clientes e colhiam feedbacks. De noite, desenvolviam e melhoravam o sistema. Em 2016, foram 43 milhões de reais transacionados só em Gramado, entre reservas de hotéis e passeios. No mesmo ano, os irmãos notaram que o produto, focado no setor de turismo e entretenimento, também se adaptava a outros mercados. Para abraçar essa oportunidade, então, era preciso reestruturar a empresa para crescer de novo.

Primeiro, o time tinha que aumentar. Por isso, no início de 2017, Rochelle abriu um processo seletivo. Nada de olhar currículos ou contratar pessoas para cargos específicos. Como cada indivíduo possui um conjunto de habilidades fantásticas, é desperdício limitá-lo a uma única função. O que ela queria, na verdade, era gente com vontade de impactar o mundo. Foram 1.200 inscritos e 28 aprovações. Só avançou quem absorveu a cultura da empresa e viu na Bela uma possibilidade para transformar vidas.

Na sequência, o escritório deveria mudar. Além de não refletir mais a visão do negócio, a estrutura com baias e divisórias era incapaz de atrair os talentos tão desejados. Naturalmente, então, a opção de ir para São Paulo foi considerada. No entanto, o DNA ímpar dos irmãos falou mais alto. Em função da melhor qualidade de vida, menor competição por profissionais e maior proximidade com os seus valores, Rochelle e Arthur decidiram permanecer no Rio Grande do Sul e construir uma *Fábrica dos Sonhos* em Gramado. Ou seja, criar um verdadeiro campus para materializar tudo aquilo que acreditavam. Dessa forma, na metade de 2017, o time inteiro migrou para um pavilhão enorme na área industrial da cidade. Além de espaços para reuniões e eventos, há sala de jogos, academia e praça de alimentação.

Após a mudança, ficou mais fácil para familiares, colaboradores e clientes entenderem os princípios que sustentam o negócio. Veja o seguinte exemplo. Quando o time aumentou de 12 para 40 pessoas, o chef solicitou a contratação de uma nova equipe para ajudá-lo na cozinha. Os irmãos, no entanto, tiveram uma ideia melhor. Diariamente, dois funcionários passaram a se revezar e trabalhar das 9 às 15 horas na preparação da comida. Seja programador, vendedor ou atendente. Todos aprenderam a cozinhar, servir e limpar. Fazer isso é muito melhor que estampar a palavra "colaboração" na parede. Certa vez, no dia de Rochelle, alguns executivos foram almoçar na Bela. Enquanto ela estava no buffet, todos a viram, mas ninguém a cumprimentou. Horas depois, porém, a gaúcha teve uma reunião com eles. Quando a fundadora da empresa – que horas atrás estava cozinhando – entrou na sala, ficou nítido em seus rostos a vergonha resultante daquela atitude tão atrasada. Dessa forma, para realmente atrair os parceiros certos, toda a comunicação da companhia passou a mencionar o porquê de sua existência, que é fazer negócios melhores e dar poder às pessoas.

No passado, montar uma *fintech*[192] no interior do Brasil era incomum. Hoje, é realidade. Em 2017, foram 72 milhões de reais transacionados, 1.800 estabelecimentos ativos e 370 mil pessoas impactadas. Em 2018, a revista *Exame* classificou a Bela como uma das empresas brasileiras mais amadas pelos seus funcionários.[193] É incrível ver uma jovem, ao lado do seu irmão, erguer do zero um negócio tão atual, representativo e moderno. E que começou lá atrás com um simples site de e-commerce.

MARCELO MOLINA, 38 ANOS

Quando estava na quinta série, Marcelo decidiu cursar Direito. Naquela época, apesar de desconhecer os detalhes da profissão, já sabia que ela ajudava muita gente. Em 2005, então, depois de se graduar, estabeleceu a Molina Advogados.[194] A operação ia bem, os clientes estavam satisfeitos, mas a rotina do escritório foi cansando o seu fundador. Ao longo dos anos, o ambiente corporativo, apegado às regras e às formalidades, motivou Marcelo a se reinventar.

Em 2017, quando o escritório tinha 20 advogados, ele foi atrás de inspiração. Ao viajar para centros de inovação na Índia, em Israel e nos Estados Unidos, Marcelo viu um mundo novo. Muito diferente do que estava acostumado. Observou negócios informais, pessoas se ajudando e ideias sendo compartilhadas a todo momento. Essa realidade, então, mudou o que ele pensava da vida. Ela o fez evoluir como indivíduo, reconquistar a alegria profissional e ganhar forças para reescrever a carreira.

Por muito tempo, a advocacia foi uma profissão afastada da sociedade. A sua postura reativa, impositiva e pouco orientada a negócios deixou de convencer as pessoas. Enquanto a população espera por um agente de mudanças, capaz de desafiar leis e buscar alternativas, muitos advogados abandonam bons projetos simplesmente por entenderem que a legislação os inviabiliza. Esses profissionais, portanto, não perderão espaço para as novas tecnologias. Eles perderão para eles mesmos. Uma vez que tudo está sendo democratizado, ir na contramão da normalidade é um diferencial enorme.

A mudança de comportamento, portanto, foi a base para Marcelo transformar o escritório. Lá, ele criou o *efeito uau*. Ou seja, para todo serviço prestado, algo além do contratado deve ser entregue. Como

"AS COISAS MUDARÃO INDEPENDENTEMENTE DA SUA VONTADE. NENHUMA LEI, POLÍTICA OU REGRA É CAPAZ DE EVITAR AS TRANSFORMAÇÕES EM CURSO."

Marcelo Molina

consequência, o time precisou desenvolver novas habilidades, questionar o ambiente e sair do automático. Trabalhar além das fronteiras da área jurídica, que muitas vezes não mudam e são repetitivas, está criando profissionais mais criativos e clientes mais satisfeitos. Um deles, inclusive, quando foi pagar a parcela de um serviço, pediu para aumentar em 20% o valor cobrado. O *efeito uau* o atingiu em cheio.

Para olhar a próxima curva, Marcelo criou o *Innovation Desk*. Nele, cada advogado mapeia as próprias atividades e tenta encontrar tecnologias para melhorá-las. Posteriormente, startups analisam esse documento e recomendam soluções. O que favorece essa prática é a certeza de que as coisas mudarão independentemente da nossa vontade. Não há lei, política ou regra que seja capaz de evitar as transformações em curso. Nem as profissões mais tradicionais continuarão iguais. Por isso, um negócio deve inovar o seu comportamento. Não apenas as soluções tecnológicas que utiliza. Isso é essencial para qualquer tipo de organização hoje. Assim, em vez de aplicativos ou sistemas de última geração, o que transformou a Molina Advogados foi a postura do time. Ou seja, seus hábitos e comportamentos.

NUNCA FOI TÃO POSSÍVEL MUDAR DE VIDA

JOHANN VON SOTHEN, 25 ANOS

Johann é um daqueles inquietos. Ainda na faculdade, descobriu o seu propósito de vida: usar o empreendedorismo para resolver grandes problemas da humanidade. Ao longo dos anos, cultivou o desejo de trabalhar com energia solar. Visto que o nosso planeta cresce rapidamente, precisaremos de fontes energéticas viáveis para sustentar essa expansão. O desafio, então, é enorme. Ele se encaixa com o propósito de Johann. No entanto, nem todos pensavam assim. Por acreditarem que esse projeto é muito afastado da realidade, vários amigos o desestimularam. Não fazia sentido, para eles, trabalhar por uma causa nobre – mas distante – se é preciso pagar as contas todo mês.

O descendente de alemães era funcionário de uma empresa eleita pela Great Place to Work[195] como uma das melhores para trabalhar no Brasil. Cerveja, pingue-pongue e outros mimos estavam sempre à disposição. Todos os elementos de um ambiente incrível eram vistos lá. Horário flexível, equipe fantástica e clima descontraído. No entanto, Johann não estava satisfeito. Faltava uma motivação maior. Algo além do emprego, da renda e da estabilidade. Foi aí, então, que ele tomou uma decisão: colocar o propósito na dianteira da sua vida. Em 2017, pediu demissão para focar em energia solar.

Como ele não conhecia ninguém do setor, montou um plano. Conduziu uma pesquisa com instaladores de painéis solares e conversou com dezenas de profissionais da área. Em cada diálogo, entendeu o mercado, identificou as necessidades e idealizou um produto. A humildade de perguntar e querer aprender é fundamental para construir um conceito ideal. Fazer com as pessoas, e não para elas, é um hábito inquestionável da atualidade. Certo dia, encontrou um engenheiro que adorou a sua pesquisa e o convidou para se juntar à Solstar,[196] uma empresa que democratiza o acesso à energia solar. Com ela, você pode gerar a própria energia e diminuir a conta de luz. Dessa forma, Johann começou a trabalhar com o que sempre quis só três meses depois de deixar o antigo emprego.

Mas nem todas as conversas foram fáceis. Uma vez, ele conseguiu se reunir com duas das principais referências brasileiras do mercado de energia renovável. Doutores incontestáveis dessa área. Acadêmicos de primeiríssima linha. Ambos, porém, jogaram um balde de água fria nos

"COLOQUE O SEU PROPÓSITO NO LUGAR ONDE ELE REALMENTE MERECE."

Johann von Sothen

planos de Johann. O conselho da dupla foi curto, simples e direto: "pelo fato de você não ser engenheiro e não ter experiência na área, não trabalhe nesse setor". A orientação foi para ele cursar uma pós-graduação relacionada ao tema, fazer um estágio e só depois pensar em atuar no segmento. Ou seja, para agregar nessa indústria, era preciso ser, pensar e agir como eles.

No entanto, Johann não engoliu aquela conversa. Na visão dele, seu know-how em marketing, vendas e desenvolvimento de produtos poderia agregar muito ao ramo de energia solar. Tanto que a Solstar reconheceu as vantagens da diversidade e o contratou. Hoje, ele não tem mais o pingue-pongue e os benefícios da antiga empresa. Além disso, o escritório atual é bem mais longe e há muito mais trânsito no caminho. Ele, porém, nunca esteve tão satisfeito, engajado e motivado por trabalhar em algo que escolheu como seu propósito.

SÉRGIO KIMIO, 56 ANOS

Sérgio trabalhou mais de 25 anos no mercado financeiro. Em seu currículo, há passagens por Lloyds Bank, Allianz, Itaú e outras grifes do setor. Além disso, foi membro do conselho executivo do UBS, um dos principais bancos do mundo. Nova York, portanto, era um dos seus principais destinos. Em 2016, porém, ele largou tudo. Em função dos avanços tecnológicos, que estão transformando robôs em assessores de investimento, o tradicional modelo de gestão financeira está virando uma commodity. Ou seja, um serviço de baixo valor agregado.

Por causa disso, Sérgio quis se diferenciar. O paulista, então, mergulhou no ecossistema de startups, entendeu a dinâmica desse setor e começou a buscar oportunidades. No início, mirava apenas o potencial financeiro das empresas. Na sequência, porém, descobriu que isso era insuficiente. Uma nova geração de organizações está sendo erguida por forças superiores a cifras, receitas e lucros. O que move a construção desses impérios não é mais o dinheiro de maneira isolada. É o seu propósito. Essa é a razão que faz milhares de talentos dedicarem uma vida para construírem algo. Que movimenta uma legião de pessoas para a mesma direção. Que motiva indivíduos a desafiarem regras, padrões e verdades. São esses fenômenos que estão reescrevendo negócios, sociedades e nações.

Ao juntar o seu conhecimento do mercado tradicional com as possibilidades criadas pelas startups, Sérgio fundou a Artem Capital, uma consultoria para clientes de alta renda que investe nessa nova geração de empresas. Aos poucos, os filhos estão assumindo o comando financeiro das famílias mais ricas do Brasil. Além do potencial de receita, esses sucessores também consideram outras variáveis para identificar bons negócios, como qualidade do time, senso de propósito e impacto social. A influência dos milênios na gestão das grandes fortunas é cada vez mais forte. Essa tendência, naturalmente, está mudando a indústria inteira.

Certo dia, Sérgio conversou com um amigo. Apaixonado por esportes, o paulista disse: "Se eu ganhasse na Mega-Sena, criaria algo no setor esportivo. Não para ganhar dinheiro, mas porque essa é a minha paixão". O amigo, então, falou: "Bem, se você realmente ganhasse na Mega-Sena e criasse isso, sua chance de ganhar muito dinheiro seria enorme, pois você trabalharia naquilo que ama". Sérgio foi muito influenciado por essa conversa. Pense nela você também.

LUCIANA NARDINI, 45 ANOS

Extremamente disciplinada, Luciana vivia organizando a rotina dos outros. Há anos, auxiliava seus amigos a planejar viagens, criar roteiros e organizar festas. Tudo feito com dedicação, nas horas vagas e sem cobrar nada. Ajudar as pessoas, portanto, sempre foi uma paixão. Mas ela nunca pensou em fazer disso um negócio. Na sua cabeça, trabalhar com o que amava era utopia.

Durante mais de vinte anos, Luciana foi executiva de Recursos Humanos (RH) em empresas como Fleury, Fiat e AOL. Adaptadíssima às regras, aos procedimentos e às políticas do ambiente corporativo, sua vida estava excelente. Não havia do que reclamar. Em 2016, porém, ela precisou questionar o futuro – tido como certo – quando soube que a empresa onde trabalhava havia doze anos iria extinguir o seu cargo. Como o time operacional de RH passou a responder diretamente para o líder global do setor, as coordenadoras desses times seriam demitidas. Luciana, infelizmente, era uma delas.

Foi um comunicado inesperado. Uma verdadeira surpresa. Recém--promovida, com avaliações excelentes e desempenho acima da média, a notícia jamais tinha passado pela sua cabeça. O fato, no entanto, tirou Luciana da zona de conforto. Era preciso se atualizar. Ao fazer um curso no Sebrae e estudar empreendedorismo na StartSe, ela descobriu um mundo cheio de possibilidades. Para quem estava na carreira executiva havia décadas, aquele conhecimento serviu para enxergar que existe vida além das paredes de uma corporação.

Aos poucos, ela passou a conhecer outras pessoas, viver novas experiências e concluir que era possível se dedicar ao que gostava. Trabalhar por prazer, e não por obrigação, é uma realidade crescente para vários indivíduos. Em 2017, então, Luciana seguiu a sua paixão e fundou a LN Assessoria Pessoal.[197] O negócio fornece serviços para pessoas físicas e jurídicas que precisam organizar diversas atividades das suas rotinas. O hobby do passado, portanto, tinha acabado de virar profissão.

Empreender a fez trabalhar mais. No entanto, por ter criado algo tão próximo da sua personalidade, as horas adicionais agora são imperceptíveis. Mãe de duas crianças, ela trocou a estrutura vertical das organizações pela flexibilidade dos espaços de *coworking*. Lá, cultiva a diversidade de pensamento, conhece novos talentos e gera negócios. O momento profissional mais difícil de Luciana, portanto, foi a motivação para ela repensar o futuro, transformar a sua vida e fazer o que ama.

ALEXANDRE ASSOLINI, 42 ANOS

Alexandre e Juliano Cornacchia – seu sócio – são advogados. E sempre tiveram a opção pelo não óbvio. Tanto que o escritório de advocacia deles, desde 2009, não exigia terno e gravata. Os dois se acostumaram, então, a focar no que os outros não faziam. E manter esse ambiente diferente virou o projeto das suas vidas. Aquilo era interessante. Mas não era ousado. Ao trabalhar anos e anos em um foco tão limitado, o entusiasmo acaba se tornando um vale de depressão.

Dispostos a mudar, foram atrás de novos desafios. Em vez de buscar especialização jurídica para atender mais áreas do Direito, que é a tendência normal para a maioria dos advogados, optaram pelo incomum e miraram um segmento diferente. Como a dupla observou várias empresas sendo criadas para melhorar a qualidade dos serviços financeiros aos clientes (B2C), enxergaram uma oportunidade de melhorar esses serviços às empresas (B2B).

"AO ACERTAR UMA TENDÊNCIA CONTRÁRIA, VOCÊ SEMPRE COLHE OS MELHORES FRUTOS."

Alexandre Assolini

Foi com essa finalidade, então, que a Vórtx[198] nasceu. Assim como a Intel é um processador de computadores, a Vórtx é um processador de quem opera no mercado de capitais. Para você entender: sempre que uma empresa realiza investimentos, por exemplo, alguém deve viabilizar essas transações e agilizar o fluxo de recursos. A Vórtx, portanto, faz isso.

Pouca gente, porém, os incentivou. Essa é uma atividade sem glamour. Quase ninguém se dispõe a executar. Apesar disso, os dois seguiram em frente. Por amarem o que a maioria detesta, o sentido da manada foi novamente evitado. Na visão de Alexandre, ao acertar uma tendência contrária, você sempre colhe os melhores frutos. Era isso que os movia.

Em 2015, o Banco Central autorizou o funcionamento da Vórtx. Naquele momento, então, os dois estreantes no sistema financeiro tinham se tornado aptos a trabalhar nesse setor. Em busca de novas tecnologias para expandir o negócio, viajaram ao Vale do Silício. Lá, tomaram um choque. Conheceram tudo o que você leu até aqui. A primeira sensação foi de um vazio imenso. Mas a segunda foi de empoderamento total. Ao conhecer pessoas que trabalham para fazer da humanidade uma sociedade multiplanetária, dobrar a expectativa de vida e produzir carne em laboratório, eles pensaram: por que nos limitamos a objetivos tão pequenos? Às vezes, o ambiente condiciona você a colocar limites onde não existe. Rapidamente, concluíram que não havia impedimentos, barreiras ou obstáculos. O que os limitava era a sua própria capacidade de sonhar.

Esse foi o estopim para uma série de mudanças. Inicialmente, o propósito foi redefinido. Antes, o objetivo era atender bem os clientes do setor financeiro. Agora, queriam melhorar toda a relação das pessoas e das instituições com o dinheiro. Como? Aumentando a competição dessa indústria. A Vórtx é um canal simples, rápido e barato para os pequenos negócios acessarem o mercado de capitais e processarem suas transações. Assim, mais gente desafia as grandes empresas, estimulando o aperfeiçoamento dos serviços e a diminuição dos custos ao cliente.

Na sequência, o escritório foi transformado. Virou um ambiente incrível para fomentar novas ideias. Não só entre o time. Mas com profissionais externos também. Uma sala de eventos foi criada e outras instituições são convidadas a usá-la. Além disso, a recepção se tornou um bar, com chopeira e máquinas de bebida. O cliente, dessa forma, é estimulado a interagir logo na entrada da empresa.

Como a Vórtx atua no mercado de capitais, a escolha inicial foi contratar pessoas desse setor. O time de tecnologia, por exemplo, era formado por cinco profissionais high-tech que vieram da indústria financeira. No entanto, logo que o propósito foi redefinido, esses indivíduos não acreditaram nele. Alexandre e Juliano, então, precisaram ser rápidos. Em seis meses, toda a equipe de tecnologia foi substituída. Saíram as cinco pessoas. Entraram oito. Para construir algo extraordinário, achar que é possível deve ser a primeira atitude.

Na medida em que o ritmo de contratações aumentou, fez-se necessária uma estratégia. Não dava para trazer qualquer um. O modo como você gerencia o aumento de funcionários de uma organização é determinante para o seu sucesso. Por isso, no lugar de uma consultoria externa, a dupla trouxe uma headhunter – ou recrutadora – para fazer parte da equipe e ser sócia do negócio. Além do mais, um setor de Employee Experience foi criado para acompanhar toda a jornada dos funcionários na empresa, entender os motivos que os fazem querer trabalhar e manter a longevidade do projeto.

Reparou, então, as mudanças que Alexandre e seu sócio fizeram? Da advocacia às finanças, questionaram tendências, seguiram um propósito e se reinventaram como profissionais. Em 2018, com apenas três anos de funcionamento, os dois receberam um aporte de 5 milhões de reais.[199] E o investidor foi encontrado em uma carona. Nada mal, né?

CAPÍTULO 10

AUDAZES E DESOBEDIENTES

LIBERDADE E RESPONSABILIDADE

Das finanças ao varejo, da construção civil ao transporte, da medicina à educação. O universo do trabalho está sendo alterado. E você está bem no meio dessa transformação. Os exemplos anteriores mostram como pessoas e organizações resolveram se adaptar a essa nova realidade. Nunca as possibilidades foram tão grandes para quem escolheu ser inquieto, audaz e desobediente. Antes vistos como um problema, esses profissionais se tornaram o motor do mundo. Os responsáveis pelos principais avanços dos últimos tempos. Enquanto negócios e indivíduos excêntricos viraram objeto de desejo do mercado, o cotidiano formal, estático e previsível das estruturas tradicionais está perdendo atratividade.

Apesar de toda a tecnologia disponível no planeta, a principal mudança está na mentalidade do ser humano. Causar impacto, olhar a próxima curva, questionar, fazer com as pessoas e ser diverso não têm a ver com dados, sistemas e computadores. Têm a ver com você. Com as suas habilidades e as suas competências. Os avanços tecnológicos potencializam o nosso conhecimento, apresentam novas alternativas e pavimentam o progresso da sociedade. Sempre foi assim. E sempre será. Estamos vivendo a continuidade de uma antiga evolução. Hoje, porém, de uma forma muito mais rápida e acelerada. A capacidade de interrogar os próprios paradigmas, aceitar novas verdades e mudar certos comportamentos, portanto, definirá o seu valor para o mundo.

Por isso, a educação foi um dos tópicos deste livro. Não só o ensino de crianças, jovens e adolescentes precisa mudar. Mas o de adultos, empresas e governos também. Educar não significa fazer alguém aprender. Significa ensinar esse alguém a continuar aprendendo. Para você entender melhor, veja o exemplo a seguir. A Netflix é uma das grandes empresas dessa nova era. Em seu manual de cultura,[200] compartilhado com todos os funcionários e visto por milhões de indivíduos pelo mundo, há um trecho do livro *O Pequeno Príncipe*: "Se você quer construir um navio, não chame as pessoas para coletar madeira, atribuir tarefas ou dar ordens. Ao invés disso, ensine-as a desejar a imensurável imensidão do oceano". Bonito, não? Mas, na prática, o que isso significa?

Bem, uma das únicas regras da Netflix é não ter regras. Tudo é gerido com raríssimos controles. Para isso funcionar, há um foco monstruoso em só admitir talentos. Em só contratar estrelas. Em só aceitar os melhores para cada posição, função ou tarefa. Funcionários com desempenho adequado recebem uma generosa rescisão e vão embora. Não há espaço para medianos. Colaboradores com alta performance, porém, evoluem na organização. O teste para manter alguém no time é: se um indivíduo lhe contasse que iria trabalhar em outro negócio, você lutaria bravamente por ele? Duelaria com unhas e dentes para reverter isso? Faria realmente de tudo? Se sim, a empresa vai tentar mantê-lo. Se não, esse empregado sai e abre espaço para um talento ocupar o seu lugar. Para a Netflix, um ambiente de trabalho incrível é feito de

EDUCAR NÃO É FAZER ALGUÉM APRENDER. É ENSINAR ESSE ALGUÉM A COMO CONTINUAR APRENDENDO.

colegas impressionantes. Por isso, o objetivo é ser um *Dream Team* em que todos os melhores profissionais querem estar. Ser rígido com os requisitos de contratação, portanto, garante a excelência do grupo. Há vagas abertas há anos que não são preenchidas. Mesmo assim, reduzir as exigências é inadmissível.

Quando um novo funcionário entra, ele começa a conviver com duas palavras: liberdade e responsabilidade. Por liberdade, entende-se que as pessoas são livres para executar o seu trabalho da melhor forma. Ou seja, cada indivíduo é capaz de tomar decisões sábias, priorizar atividades e assumir riscos. Ser autodisciplinado, agir como líder e focar no cliente. Trabalho árduo, na Netflix, não significa eficiência. Ninguém é avaliado pelas horas trabalhadas, mas pelo resultado das suas entregas. Lá, a máxima de William McKnight, presidente da 3M por décadas, é a que vale: "contrate pessoas boas e as deixe em paz". Já a outra palavra – responsabilidade – significa que todos são conscientes dos seus atos. Ou seja, eles fazem o que desejam, mas são responsáveis pelas suas ações.

Em alguns momentos do ano, a administração da Netflix envia um artigo aos funcionários e compartilha a sua visão para os próximos meses do negócio. O texto poderia apresentar, por exemplo, o desejo de ter mais clientes na América Latina, diminuir o tempo de acesso ao aplicativo e aumentar o número de produções cinematográficas. Com esse arquivo em mãos, então, os funcionários leem, conversam entre si e definem o quê, quando e como fazer. O time de marketing poderia decidir por uma nova campanha no México. Os programadores, por uma diferente função do sistema. E os produtores, por uma nova temporada de gravações. A empresa, portanto, fornece o guia. Cada pessoa, em conjunto com seus pares, estabelece as próprias atividades, objetivos e metas.

Na mesma linha, não existe horário de trabalho. Como o objetivo da organização é não ter regras, ninguém monitora isso. Também não há política de férias. Cada colaborador tira quantos dias ou meses achar necessário. Além disso, em vez de ter um setor para controlar os gastos dos funcionários, a empresa só pede que *façam o melhor para a Netflix*. Ou seja, que gastem o dinheiro da empresa como se fosse o deles. Mais uma vez, nenhum procedimento é implantado aqui.

A remuneração dos funcionários é baseada no mercado. Salários preestabelecidos, portanto, também não existem. Para a Netflix, um talento excepcional produz mais e custa menos que dois indivíduos regulares. Dessa forma, o objetivo é só ter gente extraordinária, responsável e bem remunerada. Em geral, cada profissional é estimulado a fazer entrevistas em outras empresas, identificar o seu valor de mercado e usar essa informação para negociar um aumento salarial.[201] Incrível, não?

Quando crescem, muitas empresas reduzem a liberdade dos empregados. Criam regras, métodos e procedimentos. Como consequência, tornam-se burocráticas e complexas. Isso, no entanto, pode até funcionar por um tempo. Afinal, processos são bons para padronizar e otimizar um negócio ao seu mercado atual. O time passa a executar tarefas repetidamente, ganha eficiência e diminui falhas. Mas como não há razão para trabalhar de maneira diferente, esse formato afasta pessoas criativas. Chega um momento, porém, que o mercado muda. E aí, então, as dificuldades aparecem. O modelo de negócios, que rodava impecavelmente bem no cenário anterior, não consegue mais atender as novas demandas. O time, que antes era fantástico, agora é limitado. A organização ficou tão engessada com a quantidade excessiva de regras que até as mudanças mais simples e triviais exigem um esforço descomunal para serem feitas. E como há carência de pessoas criativas, a dificuldade de encontrar soluções é ainda maior.

A Netflix, portanto, desenvolveu um sistema oposto ao do parágrafo anterior. Um formato que privilegia as pessoas antes das regras. Que dá liberdade ao time conforme a estrutura cresce. E que permanece extremamente flexível para enfrentar eventuais mudanças de mercado. Pessoas talentosas prosperam na liberdade e são dignas de autonomia. Não é preciso ensiná-las a construir um navio. Muito menos fazê-las seguir um checklist de tarefas. Basta dizer, simplesmente, que deseja cruzar o oceano. E nada mais. No lugar do navio, talvez criem um submarino, um jato ou um foguete. Por isso, quanto mais gente boa você atrair ao seu projeto, menos regras ele terá. Mas lembre-se: indivíduos geniais não trabalham em qualquer lugar. Eles buscam propósitos ousados. Objetivos audaciosos. Ambientes destemidos onde possam, por exemplo, causar impacto, olhar a próxima curva, questionar, fazer com as pessoas e serem diversos. Familiar, não?

PRESENTE EXCITANTE

O mundo é bombardeado por constantes notícias negativas. Ao assistir, escutar ou ler a sua mídia favorita, você toma conhecimento de mortes, guerras, acidentes de avião, atentados terroristas, crises financeiras, escândalos políticos e outros assuntos. Parece que vivemos o pior momento da história. Uma época dividida, com crescente desconfiança entre pessoas, nações e líderes. No entanto, há uma razão para isso. Nosso cérebro lida com informações positivas e negativas de maneira diferente.[202] Normalmente, as emoções ruins são processadas com muito mais profundidade do que as boas. Por isso, a tendência é refletirmos intensamente as más experiências e usarmos palavras fortes, pesadas e agressivas para descrevê-las.[203]

Dessa forma, eventos, críticas e feedbacks desagradáveis afetam profundamente as pessoas. Episódios infelizes, como perder dinheiro e ser evitado pelos amigos, nos abalam muito mais que ganhar dinheiro e fazer novas amizades. Segundo o livro *Abundância*,[204] os seres humanos são preparados para prestar 10 vezes mais atenção às notícias negativas do que às positivas. Ser capaz de identificar ameaças e perceber potenciais perigos – como predadores ou catástrofes naturais – foi uma das vantagens evolucionárias que manteve o ser humano vivo nas florestas e nas savanas milhões de anos atrás.

Logo, como os fatos trágicos captam rapidamente a nossa atenção, a maioria das mídias prioriza notícias tristes, comoventes e alarmantes. É difícil um meio de comunicação que só compartilha conteúdos positivos ser bem-sucedido como negócio. Isso, infelizmente, distorce a perspectiva do ser humano sobre o futuro e inibe a nossa capacidade de causar um impacto.

Minha opinião, no entanto, é diferente. Não quero dizer que o noticiário falta com a verdade. De maneira alguma. Acredito, apenas, que não há uma visão equilibrada sobre a realidade atual. Impulsionada pelos avanços econômicos, sociais e tecnológicos, a humanidade nunca viveu tempos tão incríveis. Hoje, nossas condições são superiores às de ontem e, possivelmente, inferiores às de amanhã. Estamos atravessando um progresso notável que pouca gente costuma divulgar.

Isso, porém, não ignora ou minimiza os problemas que enfrentamos. Os desafios são vários e precisamos combatê-los com a máxima urgência. Quero mostrar, porém, alguns dados que me deixam otimista em relação ao mundo. O momento atual é excitante e a tendência futura é ainda melhor. Veja estes cinco exemplos.

1. POBREZA EXTREMA

Pessoas que vivem em pobreza extrema ganham até 1,90 dólar por dia.[205] Duzentos anos atrás, mais de 90% da população se encontrava nessa condição.[206] Poucos privilegiados, portanto, viviam dignamente. Na medida em que comida, moradia e outros bens se tornaram mais acessíveis, essa situação mudou. No mundo, 75% dos indivíduos ainda eram extremamente pobres em 1950. Hoje, porém, esse número não alcança 10%. Para você ter ideia, 130 mil pessoas deixam de viver em pobreza extrema todos os dias.[207] No Brasil, o indicador caiu de 13,6% em 2001 para 3,7% atualmente.[208]

2. EDUCAÇÃO E ALFABETIZAÇÃO

Nos últimos cem anos, o número de pessoas alfabetizadas explodiu. Antigamente, apenas famílias nobres e ricas tinham acesso à educação. O ensino público praticamente inexistia. Em 1900, só 21% da população mundial sabia ler e escrever. Agora, porém, esse número subiu para 85%.[209] No Brasil, que possui quase 93%[210] de habitantes alfabetizados, o total de anos que alguém estuda aumentou de três para oito entre 1980 e os dias atuais.[211] Nunca fomos tão inteligentes.

3. MORTALIDADE INFANTIL

Não costumamos lembrar quão trágica a vida era. Em 1900, 36% dos recém-nascidos não completavam 5 anos de vida.[212] Ou seja, eram 360 mortes para cada mil partos. Nas últimas décadas, porém, o controle das epidemias, a diminuição das guerras e a melhora dos indicadores sociais provocaram avanços significativos. De 1990 até agora, esse número caiu de 93 para 41 óbitos a cada mil nascimentos.[213] A mortalidade infantil atual, portanto, despencou para 4%. No Brasil, ela passou de 17% em 1960 para 1,5% nos dias de hoje.[214]

4. FOME

Ainda há um longo trabalho para erradicar a fome no mundo. No início deste livro, inclusive, você leu sobre como a tecnologia está sendo usada para combater a falta de alimentos. Apesar das dificuldades, há evoluções. Segundo a Organização das Nações Unidas (ONU), a desnutrição é o principal indicador para avaliar isso. Enquanto 18,6% da população mundial era subnutrida em 1991,[215] esse número caiu para 11% hoje.[216] No Brasil, a queda foi de 14,8% em 1991 para 3% atualmente.[217]

5. HIGIENE E SANEAMENTO

O Palácio de Versalhes, na França, foi o auge da realeza no século XVIII. Sem banheiros, porém, o lugar era imundo e não cheirava bem. Urina e matéria fecal costumavam ser vistas nos corredores e nos pátios.[218] Saneamento, então, era um luxo até para a nobreza daquela época. Hoje, porém, 68% da população mundial conta com acesso a banheiros, esgotos e outras formas de instalações sanitárias.[219] No Brasil, esse indicador subiu de 66% para 83% entre 1990 e os dias atuais.[220]

Adicionalmente, a expectativa global de vida, por exemplo, aumentou de 48 para 71 anos desde 1950.[221] No total, 94 milhões de crianças deixaram o trabalho infantil de 2000 para cá.[222] A parcela mundial da população sem eletricidade diminuiu de 26% para 14% em 25 anos.[223] O universo de pessoas com água potável subiu de 76% para 90% desde 1990.[224] Além de outros indicadores que mostram o mundo atual bem melhor em relação à realidade de tempos atrás.

É claro, porém, que ainda há grandes desafios. Ter 1 em cada 10 indivíduos vivendo em pobreza extrema é inaceitável. As emissões de gás carbônico – causadores do efeito estufa – não param de subir. Corrupção, violência e desigualdade continuam altíssimas. Para uma família, por exemplo, desfavorecida em algum aspecto socioeconômico, não é consolo escutar que o bem-estar médio melhorou nas últimas décadas. Ou que a renda aumentou se os preços subiram muito mais. No entanto, a vida dessa família seria bem pior no passado. Possivelmente, inclusive, seus membros nem estariam vivos. Os avanços observados ao longo dos anos tornaram a nossa sociedade melhor e mais próspera. Mas, Maurício, o estágio atual dessas soluções é satisfatório? Não. Há bastante para fazer? Sim. Enquanto muita gente acha que as tentativas para combater esses desafios fracassam e frustram, prefiro enxergar que elas evoluem e progridem. Mesmo que ainda haja um longo caminho rumo à realidade ideal.

Por isso, o momento presente me excita. Sou um otimista em relação ao planeta. Profissionais e empresas, mais uma vez, aparecem como agentes transformadores desse cenário. Os avanços realizados até aqui, como você viu, foram incríveis. Mas não resolveremos as mazelas sociais repetindo o que já foi feito. Habilidades novas são necessárias. Competências diferentes são exigidas. Conhecimentos inovadores são requeridos. Práticas que buscam recuar em vez de tentar, preservar em vez de evoluir e desencorajar em vez de estimular são gargalos enormes para o progresso.

A ERA DA AUDÁCIA

Ser diferente é o novo normal. Ao longo deste livro você concluiu isso. Vivemos uma era de completa reconstrução social. A falta de atualização tornará a sua graduação obsoleta. A falta de especialização reduzirá a sua utilidade profissional. Nunca foi tão necessário ser rebelde aos códigos da língua, questionador do pensamento uniforme e desafiador do comportamento mediano.

Pessoas audazes se destacam em seus grupos. Em geral, são confidentes, corajosas e diretas. Quem escolhe ser assim, inspira não apenas por alcançar grandes feitos, resultados e realizações, mas também por buscar incansavelmente a melhora, o progresso e a prosperidade dos que lhe cercam. Quando há excesso de suposições negativas, temos medo. Quando a confiança é insuficiente, temos dúvida. Quando analisamos milhões de motivos para dar certo ou errado, temos paralisia. Mas quando diferentes perguntas começam a ser tratadas com idênticas respostas, temos a matéria-prima de que você precisa para evoluir. Enquanto muitos indivíduos vão esperar as melhorias chegarem, outros vão trabalhar duro para alcançá-las.

Em 1905, Albert Einstein tinha 27 anos quando desenvolveu a primeira versão da teoria da relatividade, dez anos antes de publicá-la ao mundo.[225] Naquela época, ele não estava em um Vale do Silício onde era estimulado a empreender. Nem em uma universidade onde era provocado a estudar. Ele estava em uma firma de patentes. Em um trabalho com pouco apelo intelectual e sem nenhum grande desafio. A ciência mais notável, portanto, não ocorre quando o ambiente é favorável. Mas quando a mente é favorável. Quando suas atitudes, seus hábitos e seus comportamentos são audazes. Quando você se afasta da rotina e realmente acha possível alcançar lugares que nunca ninguém alcançou.

Se você acha que seu emprego é só um trabalho ou seu negócio é só uma empresa, experimente tirar a expressão *só* do contexto. Isso muda tudo. Enquanto muita gente "só" faz algo, inúmeras pessoas estão transformando empregos e negócios na oportunidade de suas vidas. No

A CIÊNCIA MAIS NOTÁVEL NÃO OCORRE QUANDO O AMBIENTE É FAVORÁVEL. MAS QUANDO A MENTE É FAVORÁVEL.

projeto de seus sonhos. A falta de ânimo gera desinteresse, conformismo e conforto. Repense o seu presente e seu futuro caso esteja nessa situação. Com o mundo veloz como está, hábitos cômodos e falta de brio acelerarão os apertos e as dificuldades que vai enfrentar pela frente.

Neste livro, então, compartilhei quatro visões com você:

1. TRANSFORMAÇÃO

Tudo está sendo democratizado. Saímos de um mundo escasso para uma vida repleta de opções e possibilidades. Essa ruptura dos padrões fará boa parte das próximas gerações trabalhar em atividades completamente novas. Em profissões que ainda não existem. O que você faz hoje, em breve, será insuficiente para atender demandas, necessidades e anseios sociais. Aprender, desaprender e reaprender é a máxima da atualidade. As tecnologias exponenciais inspiram o inimaginável e criam soluções impensadas anteriormente. Um rolo compressor, portanto, está mudando empregos, carreiras e empresas a uma velocidade jamais vista.

2. NOVAS HABILIDADES

Em função dessas alterações, novas capacidades são exigidas do ser humano. Não importa ter séculos de história, décadas de experiência ou anos de tradição. Tudo isso é insignificante se o resultado do seu trabalho já pode ser obtido de maneira mais rápida, eficiente e barata. Os novos consumidores, crescidos neste mundo digital, não se importam com o seu legado se opções melhores já estão disponíveis. Muitos negócios, que pareciam impérios intocáveis há pouco tempo, sumiram nos últimos anos. E vários outros ainda vão sumir. Causar impacto, olhar a próxima curva, questionar, fazer com as pessoas e ser diverso formam um conjunto de habilidades vitais para você se manter na vanguarda do que faz hoje.

3. EXEMPLOS

Tecnologias poderosas, às quais somente governos, corporações e milionários tinham acesso, hoje estão disponíveis a qualquer indivíduo. Em função disso, possibilidades inéditas surgem e estimulam a construção de carreiras, negócios e relações de trabalho bem diferentes. Não é mais preciso ter grandes estruturas, caras, pesadas e cheias de processos, para impactar milhões de consumidores pelo mundo. Agora, são empresas enxutas que escrevem os principais avanços da humanidade. As 12 pessoas aqui mostradas exemplificam isso. Motivadas por diferentes razões, identificaram oportunidades, desenvolveram novas capacidades e transformaram suas vidas, profissões e companhias.

4. OTIMISMO

Apesar do pessimismo que esse novo cenário desperta em vários indivíduos, sou otimista em relação ao mundo atual e futuro. Aprimoramos incrivelmente as condições de vida nas últimas décadas. Ainda há muito o que fazer, claro, mas as melhoras foram significativas. A tecnologia empodera as pessoas. Faz o conhecimento de poucos ser compartilhado com muitos. Forma massas críticas que interrogam verdades, normas e padrões. Os "nãos" recebidos passam a ser questionados, enfrentados e debatidos. Esse, então, é um dos pilares da construção de uma sociedade mais justa, na qual a população pode lutar pelo que acredita e trabalhar pelos seus interesses.

Quando jovens, somos demasiadamente ingênuos. Isso estimula a criatividade. E nos faz ter ideias, assumir riscos e não enxergar limites. Na medida em que crescemos, porém, paramos de questionar o mundo. Dificuldades, obstáculos e problemas começam a ser admitidos. Passamos a aceitar, portanto, a vida com ela é. Dessa forma, ideias ousadas somem. Atitudes corajosas também. Em geral, o ser humano costuma pensar assim: se tomamos a iniciativa de mudar e falhamos, a culpa é nossa; se não fizemos nada e a situação piora, a culpa é dos outros. Por isso, muita gente não evolui. Espero, então, que esta leitura tenha provocado uma reflexão em você. Tenha empoderado a sua consciência para enfrentar os desafios que terá pela frente. Fiquei feliz de estarmos juntos em todas estas páginas. Quero ter a fantástica oportunidade de encontrá-lo mais vezes. Um grande abraço!

REFERÊNCIAS

CAPÍTULO 1

1. Disponível em: <http://www.theguardian.com/cities/2014/jul/10/helsinki-shared-public-transport-plan-car-ownership-pointless>.
2. Disponível em: <http://www.weforum.org/agenda/2016/11/shopping-i-can-t-really-remember-what-that-is>.
3. Disponível em: <http://www.nytimes.com/2011/08/30/science/30species.html>.
4. Disponível em: <http://pt.wikipedia.org/wiki/Alumínio>.
5. Disponível em: <http://aluminiumleader.com/economics/how_aluminium_market_works/>.
6. Disponível em: <http://www.forbes.com/sites/roberthof/2014/02/19/in-one-chart-heres-why-facebook-is-blowing-19-billion-on-whatsapp>.
7. Disponível em: <http://oglobo.globo.com/economia/ocde-20-da-populacao-em-todo-mundo-analfabeta-14108727>.
8. Disponível em: <http://g1.globo.com/mundo/noticia/tempo-de-estudo-no-brasil-e-inferior-ao-de--paises-de-mercosul-e-brics-aponta-idh.ghtml>.
9. Disponível em: <http://www.cnn.com/2012/05/06/opinion/diamandis-abundance-innovation/index.html>.

CAPÍTULO 2

10. Disponível em: <http://www.youtube.com/watch?v=3H-Y-D3-j-M>.
11. Disponível em: <http://www.cnbc.com/2017/06/22/un-raises-world-population-forecast-to--9-point-8-billion-people-by-2050.html>.
12. Disponível em: <http://www.weforum.org/agenda/2015/08/which-countries-waste-the-most-food>.
13. Disponível em: <http://www.theguardian.com/environment/2007/aug/31/climatechange.food >.
14. Disponível em: <http://www.memphismeats.com>.
15. Disponível em: <http://www.weforum.org/agenda/2017/08/memphis-meat-vegetarian-humane-sustainable>.
16. Disponível em: <http://www.theguardian.com/science/2013/aug/05/first-hamburger-lab-grown-meat-press-conference>.
17. Disponível em: <https://www.finlessfoods.com>.
18. Disponível em: <http://www.clarafoods.com>.
19. Disponível em: <https://www.impossiblefoods.com>.
20. Disponível em: <http://beyondmeat.com>.
21. Disponível em: <http://www.hypercubes.global>.
22. Disponível em: <http://i.redd.it/kpqjd9psfsoy.jpg>.
23. Disponível em: <http://www.spacex.com>.
24. Disponível em: <http://www.orbitalatk.com>.
25. Disponível em: <http://madeinspace.us/projects/amf>.
26. Disponível em: <http://newatlas.com/japanese-breakthrough-in-wireless-power/36538/>.
27. Disponível em: <http://www.businessinsider.com/space-based-solar-panels-beam-unlimited-energy-to-earth-2015-9>.
28. Disponível em: <http://www.spacex.com/mars>.
29. Disponível em: <http://www.ibm.com/blogs/insights-on-business/consumer-products/2-5-quintillion-bytes-of-data-created-every-day-how-does-cpg-retail-manage-it>.

30. Disponível em: <http://www.forbes.com/sites/jonmarkman/2016/07/22/dna-is-the-new-data-storage>.
31. Disponível em: <http://www.forbes.com/sites/andrewcave/2017/04/13/what-will-we-do-when-the-worlds-data-hits-163-zettabytes-in-2025>.
32. Disponível em: <http://www.nytimes.com/2015/12/04/science/data-storage-on-dna-can-keep-it-safe-for-centuries.html>.
33. Disponível em: <http://mashable.com/2017/03/07/dna-molecules-digital-data-storage>.
34. Disponível em: <http://www.ft.com/content/45ea22b0-cec2-11e7-947e-f1ea5435bcc7>.
35. Disponível em: <http://www.technologyreview.com/s/607880/microsoft-has-a-plan-to-add-dna-data-storage-to-its-cloud>.
36. Disponível em: <http://catalogdna.com>.
37. Disponível em: <http://www1.folha.uol.com.br/seminariosfolha/2017/05/1888812-transito-no-brasil-mata-47-mil-por-ano-e-deixa-400-mil-com-alguma-sequela.shtml>.
38. Disponível em: <http://abcnews.go.com/US/companies-working-driverless-car-technology/story?id=53872985>.
39. Disponível em: <http://www.udacity.com/course/self-driving-car-engineer-nanodegree--nd013>.
40. Disponível em: <http://wearesocial.com/us/blog/2018/01/global-digital-report-2018>.
41. Disponível em: <http://www.emarketer.com/Report/Worldwide-Internet-Mobile-Users-eMarketers-Updated-Estimates-Forecast-20172021/2002147>.
42. Disponível em: <http://www2.deloitte.com/content/dam/Deloitte/br/Documents/technology-media-telecommunications/ValorConectividade.pdf>.
43. Disponível em: <http://www.cnbc.com/2017/05/04/spacex-internet-satellites-elon-musk.html>.
44. Disponível em: <http://en.wikipedia.org/wiki/Facebook_Aquila>.
45. Disponível em: <http://x.company/loon>.
46. Disponível em: <http://newstorycharity.org/3d-home>.
47. Disponível em: <http://www.businessinsider.com/3d-printed-homes-constructed-icon-new-story-tech-charity-4000-dollars-2018-3>.
48. Disponível em: <http://www.forbes.com/sites/andriacheng/2018/05/22/with-adidas-3d-printing-may-finally-see-its-mass-retail-potential>.
49. Disponível em: <http://news.nike.com/news/nike-hp-3d-printing>.
50. Disponível em: <http://www.ft.com/content/67e3ab88-f56f-11e7-a4c9-bbdefa4f210b>.
51. Disponível em: <http://epocanegocios.globo.com/Caminhos-para-o-futuro/Desenvolvimento/noticia/2017/06/tecnologias-exponenciais-serao-protagonistas-de-revolucao-nas-industrias.html>.
52. Disponível em: <http://www.indiegogo.com>.
53. Disponível em: <http://www.kickstarter.com>.
54. *Venture capital*, capital de risco ou simplesmente VC, é um tipo de investimento privado para financiar empresas em estágio inicial que possuem alto potencial de crescimento.
55. Disponível em: <http://www.etsy.com>.
56. Disponível em: <http://www.taskrabbit.com>.
57. Disponível em: <http://www.instacart.com>.
58. Disponível em: <http://www.wikipedia.org>.
59. Disponível em: <http://pt.wikipedia.org/wiki/Barsa>.

60. Disponível em: <http://www.coursera.org>.
61. Disponível em: <http://pt.duolingo.com>.
Disponível em: <http://www.slideshare.net/jennturliuk/singularity-university-jennifer-turliuk-13113638>.
62. Disponível em: <http://singularityhub.com/2016/04/05/how-to-think-exponentially-and-better-predict-the-future>.
63. Disponível em: <http://singularityhub.com/2016/11/22/the-6-ds-of-tech-disruption-a-guide-to-the-digital-economy>.
64. Disponível em: <http://www.thinkingbusinessblog.com/2017/08/02/6-ds-to-exponential-growth>.

CAPÍTULO 3

65. Disponível em: <http://www.olivia.ai>.
66. MCCORDUCK, Pamela. *Machine Who Think*. 2.ed. 2004.
67. TURING, Alan. *Computing Machinery and Intelligence*. 1950.
68. Dartmouth Summer Research Project on Artificial Intelligence (1956).
69. Oxford Living Dictionaries – English.
70. Disponível em: <http://pt.wikipedia.org/wiki/The_Terminator>.
71. Deep Mind – AlphaGo. Disponível em: <https://deepmind.com/research/alphago/>.
72. Wikipedia – Game Complexity. Disponível em: <https://en.wikipedia.org/wiki/Game_complexity>.
73. Forbes – The World's Biggest Public Companies by Market Value, 2017.
74. The Economist – The world's most valuable resource is no longer oil, but data, May 6th, 2017.
75. Disponível em: <http://www3.weforum.org/docs/WEF_FOJ_Executive_Summary_Jobs.pdf>.
76. Disponível em: <http://pt.wikipedia.org/wiki/Utopia_(livro) >.
77. Disponível em: <http://www.history.com/news/who-were-the-luddites>.
78. Disponível em: <http://www.marxists.org/history/etol/newspape/isr/vol25/no03/adhoc.html>.
79. Disponível em: <http://www.ted.com/talks/martin_ford_how_we_ll_earn_money_in_a_future_without_jobs>.
80. Disponível em: <http://en.wikipedia.org/wiki/The_Triple_Revolution>.
81. Disponível em: <http://kinginstitute.stanford.edu/king-papers/publications/knock-midnight-inspiration-great-sermons-reverend-martin-luther-king-jr-10>.
82. Disponível em: <http://www.dominiccushnan.com/2017/12/automation-and-society-the-triple-revolution>.
83. Disponível em: <http://www.oxfordmartin.ox.ac.uk/downloads/academic/The_Future_of_Employment.pdf>. (p. 38)
84. Disponível em: <http://www.kaggle.com>.
85. Disponível em: <http://www.youtube.com/watch?v=gWmRkYsLzB4>.
86. Disponível em: <http://hbr.org/2016/10/robots-will-replace-doctors-lawyers-and-other-professionals>.
87. Disponível em: <http://www.investopedia.com/news/how-robots-rule-stock-market-spx-djia>.
88. Disponível em: <http://en.wikipedia.org/wiki/Percy_Spencer>.
89. Disponível em: <http://www.chicagotribune.com/business/ct-biz-artificial-intelligence-bank-jobs--20180423-story.html>.

90. Disponível em: <http://www.weforum.org/agenda/2016/01/the-10-skills-you-need-to-thrive-in-the-fourth-industrial-revolution>.

CAPÍTULO 4

91. Disponível em: <http://www.entrepreneur.com/article/250535>.
92. Disponível em: <http://en.wikipedia.org/wiki/Nishiyama_Onsen_Keiunkan>.
93. Disponível em: <http://www.bbc.com/news/business-16611040>.
94. Disponível em: <http://www.bestcigarprices.com/blog/cvs-pulls-all-cigars-from-stores/>.
95. Disponível em: <http://www.reuters.com/article/us-health-pharmacies-cigarettes/when-cvs-stopped-selling-cigarettes-some-customers-quit-smoking-idUSKBN16R2HY>.
96. Disponível em: <http://www.seventhgeneration.com>.
97. Disponível em: <http://www.seventhgeneration.com/nurture-nature/seventh-generation-staffers-line-dry-their-laundry>.
98. Disponível em: <http://pt.wikipedia.org/wiki/Geração_Z>.
99. Disponível em: <http://www.legitimateleadership.com/2017/10/19/simon-sinek-on-the-nature-and-effects-of-real-leadership/>.

CAPÍTULO 5

100. Disponível em: <http://en.wikipedia.org/wiki/Ice_trade>.
101. Canibalização é um termo usado em negócios para designar quando uma empresa lança um produto que, em vez de afetar as vendas dos concorrentes, acaba comprometendo as próprias vendas.
102. Disponível em: <http://steveblank.com>.
103. Disponível em: <http://www.amazon.com.br/Startup-Enxuta-Eric-Ries-ebook/dp/B00A3C4GAK>.
104. Disponível em: <http://www.amazon.com.br/Alquimia-Do-Crescimento-Mehrdad-Baghai/dp/8501055646>.
105. Disponível em: <http://www.cbsnews.com/pictures/celebs-who-went-from-failures-to-success-stories/6/>.
106. Disponível em: <http://www.amazon.com/Brick-Rewrote-Innovation-Conquered-Industry/dp/0307951618>.
107. Disponível em: <http://pt.wikipedia.org/wiki/Apollo_11>.
108. Disponível em: <http://super.abril.com.br/tecnologia/a-viagem-do-homem-a-lua-o-maior-espetaculo/>.
109. Disponível em: <http://www.megacurioso.com.br/acontecimentos-historicos/40337-voce-consegue-imaginar-como-era-viajar-de-aviao-nas-decadas-de-50-e-60-.htm>.
110. Disponível em: <http://www.cnet.com/news/yes-apollo-11-astronauts-had-to-complete-customs-forms-for-their-moon-trip/>.
111. Disponível em: <http://forbes.uol.com.br/negocios/2015/12/por-que-a-embraer-e-uma-das-empresas-mais-inovadoras-do-brasil/>.
112. Disponível em: <http://www.valor.com.br/empresas/5025338/embraer-mais-inovadora-do-pais>.

CAPÍTULO 6

113. TOFFLER, Alvin. *O choque do futuro*. 5.ed. Rio de Janeiro: Record, 1994. Disponível em: <http://pt.wikipedia.org/wiki/Future_Shock>.
114. Disponível em: <http://su.org>.
115. Disponível em: <http://www.linkedin.com/in/davidad>.
116. Disponível em: <http://www.linkedin.com/in/kidistzeleke>.
117. Disponível em: <http://en.wikipedia.org/wiki/Car_dealerships_in_North_America>.
118. Disponível em: <http://www.anfavea.com.br/50anos/80.pdf>.
119. Disponível em: <http://pt.wikipedia.org/wiki/Tesla_Motors>.
120. Disponível em: <http://www.reuters.com/article/us-usa-stocks-tesla/tesla-becomes-most-valuable-u-s-car-maker-edges-out-gm-idUSKBN17C1XF>.
121. Disponível em: <http://knoema.com/floslle/top-vehicle-manufacturers-in-the-us-market-1961-2016>.
122. Disponível em: <http://www.statista.com/statistics/249375/us-market-share-of-selected-automobile-manufacturers/>.
123. Disponível em: <http://www.uber.com/fr/blog/nice/ubercopter>.

CAPÍTULO 7

124. Disponível em: <http://www.amazon.com.br/Incansáveis-Maurício-Benvenutti/dp/854520129X>.
125. Disponível em: <http://www.versoadvertising.com/survey/slide19.html>.
126. Disponível em: <http://exame.abril.com.br/seu-dinheiro/maioria-dos-brasileiros-compra-por-impulso-diz-pesquisa>.
127. Disponível em: <http://www.publishnews.com.br/ranking/semanal/8/2016/10/14/0/0>.
128. Disponível em: <http://www.publishnews.com.br/ranking/semanal/8/2016/11/4/0/0>.
129. Disponível em: <http://pt.wikipedia.org/wiki/Distribuição_normal>.
130. Disponível em: <http://www.math.iup.edu/~clamb/class/math217/3_1-normal-distribution>.
131. Disponível em: <http://rkbookreviews.wordpress.com/2011/09/26/we-are-all-weird-summary/>.
132. Disponível em: <http://datasebrae.com.br/perfil-dos-empresarios>.
133. Disponível em: <http://sentium.com/a-public-relations-disaster-how-saving-1200-cost-united-airlines-10772839-negative-views-on-youtube>.
134. Disponível em: <http://www.youtube.com/watch?v=5YGc4zOqozo>.
135. Disponível em: <http://www.cbc.ca/news/business/china-united-airlines-1.4065306>.
136. Disponível em: <http://en.wikipedia.org/wiki/United_Express_Flight_3411_incident>.
137. Disponível em: <http://fortune.com/2017/04/11/united-airlines-stock-drop>.
138. Disponível em: <http://www.thinkwithgoogle.com/advertising-channels/mobile/mobile-in-store/>.
139. Disponível em: <http://mediakix.com/2017/03/youtube-user-statistics-demographics-for-marketers>.
140. Disponível em: <http://blog.hootsuite.com/instagram-statistics>.
141. Disponível em: <http://techcrunch.com/2017/11/08/voice-enabled-smart-speakers-to-reach-55-of-u-s-households-by-2022-says-report>.

CAPÍTULO 8

142. Disponível em: <http://www.sfpride.org>.
143. LGBT é a sigla de Lésbicas, Gays, Bissexuais, Travestis, Transexuais e Transgêneros.
144. Disponível em: <http://pt.wikipedia.org/wiki/Parada_do_Dia_da_Libertação_Gay_de_São_Francisco>.
145. Disponível em: <http://pt.wikipedia.org/wiki/Bandeira_arco-íris>.
146. Disponível em: <http://pt.wikipedia.org/wiki/Corrida_do_ouro_na_Califórnia>.
147. Disponível em: <http://pt.wikipedia.org/wiki/Haight-Ashbury>.
148. Disponível em: <http://en.wikipedia.org/wiki/Free_Speech_Movement>.
149. Disponível em: <http://www.theatlantic.com/technology/archive/2016/01/global-startup-cities-venture-capital/429255/>.
150. Disponível em: <http://en.wikipedia.org/wiki/List_of_Nobel_laureates_by_university_affiliation>.
151. Disponível em: <http://en.wikipedia.org/wiki/Ames_Research_Center>.
152. Disponível em: <http://www.sftravel.com/article/san-francisco-travel-reports-record-breaking-tourism-2016>.
153. Disponível em: <http://www.census.gov/newsroom/press-releases/2015/cb15-185.html>.
154. O LinkedIn é uma rede social de negócios. Disponível em: <http://www.linkedin.com>.
155. Disponível em: <http://burningman.org>.
156. Disponível em: <http://venturebeat.com/2014/09/25/eric-schmidt-confirms-it-he-sealed-the-deal-with-google-at-burning-man/>.
157. Disponível em: <http://www.businessinsider.com/microsoft-xbox-pissed-off-bill-gates-because-of-windows-2015-9>.
158. Disponível em: <http://revistagalileu.globo.com/Cultura/noticia/2016/11/como-o-spotify-ressuscitou-o-rapper-sabotage-com-inteligencia-artificial.html>.
159. Disponível em: <http://www.theverge.com/2016/9/7/12830298/delivery-bot-van-mercedes-starship-technologies>.
160. Disponível em: <http://www.forbes.com/sites/helenwang/2016/11/06/how-alibaba-will-use-the-worlds-biggest-shopping-day-to-transform-retail>.
161. Disponível em: <http://www.3dsystems.com/press-releases/3d-systems-and-hershey-team-deliver-3d-printed-edibles-0>.
162. Disponível em: <http://newsroom.hilton.com/corporate/news/hilton-and-ibm-pilot-connie-the-worlds-first-watsonenabled-hotel-concierge>.
163. Disponível em: <http://www.cnbc.com/2016/11/16/dominos-has-delivered-the-worlds-first-ever-pizza-by-drone-to-a-new-zealand-couple.html>.
164. Disponível em: <http://www.nytimes.com/2003/03/09/weekinreview/the-nation-nasa-s-curse--groupthink-is-30-years-old-and-still-going-strong.html>.
165. Disponível em: <http://en.wikipedia.org/wiki/Chief_diversity_officer>.
166. Disponível em: <http://techcrunch.com/2009/10/31/the-valley-of-my-dreams-why-silicon-valley-left-bostons-route-128-in-the-dust/>.
167. Disponível em: <http://www.amazon.com/Regional-Advantage-Culture-Competition-Silicon/dp/0674753402>.
168. Disponível em: <http://www.youtube.com/watch?v=3uimV-r08Z4>.

CAPÍTULO 9

169. Disponível em: <http://www.amazon.com.br/Organizações-Exponenciais-Salim-Ismail/dp/8567389364>.
170. Disponível em: <http://www.smarthint.co>.
171. Disponível em: <http://www.sebrae.com.br/sites/PortalSebrae/artigos/taxa-de-conversao-o-grande-desafio-do-e-commerce,0eec538981227410VgnVCM2000003c74010aRCRD>.
172. Disponível em: <http://www.escoladeecommerce.com/artigos/entenda-como-a-inteligencia-artificial-favorece-as-vendas-do-seu-e-commerce>.
173. Disponível em: <http://gpresult.com.br>.
174. Disponível em: <http://www.ibm.com/watson/br-pt>.
175. Disponível em: <http://tummi.org>.
176. Disponível em: <http://www.telegraph.co.uk/science/2016/08/30/chemotherapy-warning-as-hundreds-die-from-cancer-fighting-drugs>.
177. Disponível em: <http://meetinglibrary.asco.org/record/147027/abstract>.
178. Disponível em: <http://medium.com/@dunn/digitally-native-vertical-brands-b26a26f2cf83>.
179. Disponível em: <http://transformacaodigitalb2b.com.br/o-que-e-dnvb-digitally-native-vertical-brand>.
180. Disponível em: <http://zissou.com.br>.
181. Disponível em: <http://zissou.com.br/blogs/midia/hotel-fasano-angra-dos-reis-entrou-em-operacao>.
182. Disponível em: <http://tozzinifreire.com.br>.
183. Disponível em: <http://acestartups.com.br>.
184. Disponível em: <http://conteudo.startse.com.br/mercado/lucas-bicudo/ace-tozzinifreire-guia-juridico-startups>.
185. Disponível em: <http://www.wework.com>.
186. Disponível em: <http://www.abemf.com.br/noticias-do-dia---dotz--programa-de-fidelidade-lider-do-varejo-anuncia-novos-planos-e-amplia-beneficios>.
187. Disponível em: <http://pt.wikipedia.org/wiki/The_Intern>.
188. Disponível em: <http://www.industriahoje.com.br/dotz-abre-programa-para-contratar-quem-tem-mais-de-55-anos>.
189. Disponível em: <http://endeavor.org.br/crescer-ou-crescer-como-uma-mentoria-mudou-o-rumo-dessa-fintech-de-gramado>.
190. Disponível em: <http://exame.abril.com.br/pme/entenda-como-este-homem-revolucionou-o-varejo-no-brasil>.
191. Disponível em: <http://site.belaviagem.com>.
192. *Fintech*: designação para uma empresa de tecnologia que atua na área financeira.
193. Disponível em: <http://exame.abril.com.br/carreira/as-30-pmes-que-tem-os-funcionarios-mais-felizes-no-brasil>.
194. Disponível em: <http://www.molina.adv.br>.
195. Disponível em: <http://www.gptw.com.br>.
196. Disponível em: <http://www.solstar.com.br>.
197. Disponível em: <http://www.lnassessoriapessoal.com.br>.

198. Disponível em: <http://vortx.com.br>.
199. Disponível em: <http://www.istoedinheiro.com.br/a-carona-virou-sociedade>.

CAPÍTULO 10

200. Disponível em: <http://www.slideshare.net/reed2001/culture-1798664>.
201. Disponível em: <http://www.consumidormoderno.com.br/2017/10/30/caracteristicas-cultura-netflix>.
202. Disponível em: <http://www.amazon.com/Man-Who-Lied-His-Laptop/dp/1617230049>.
203. Disponível em: <http://www.nytimes.com/2012/03/24/your-money/why-people-remember-negative-events-more-than-positive-ones.html>.
204. Disponível em: <http://www.amazon.com.br/Abundância-Peter-H-Diamandis/dp/8565482162>.
205. Disponível em: <http://en.wikipedia.org/wiki/Extreme_poverty>.
206. Disponível em: <http://ourworldindata.org/extreme-poverty>.
207. Disponível em: <http://www.forbes.com/sites/stevedenning/2017/11/30/why-the-world-is-getting-better-why-hardly-anyone-knows-it>.
208. Disponível em: <http://www.jb.com.br/economia/noticias/2016/10/18/banco-mundial-pobreza-extrema-no-brasil-caiu-quase-10-desde-2001>.
209. Disponível em: <http://ourworldindata.org/grapher/literate-and-illiterate-world-population>.
210. Disponível em: <http://www.valor.com.br/brasil/5234641/ibge-brasil-tem-118-milhoes-de-analfabetos-metade-esta-no-nordeste>.
211. Disponível em: <http://ourworldindata.org/grapher/mean-years-of-schooling-selected-countries?country=BRA>.
212. Disponível em: <http://ourworldindata.org/grapher/global-child-mortality-timeseries>.
213. Disponível em: <http://data.worldbank.org/indicator/SH.DYN.MORT>.
214. Disponível em: <http://data.worldbank.org/indicator/SH.DYN.MORT?locations=BR>.
215. Disponível em: <http://ourworldindata.org/hunger-and-undernourishment>.
216. Disponível em: <http://www.fao.org/brasil/noticias/detail-events/pt/c/1037611>.
217. Disponível em: <http://www.nexojornal.com.br/expresso/2017/07/23/Como-o-Brasil-saiu-do-Mapa-da-Fome.-E-por-que-ele-pode-voltar>.
218. Disponível em: <http://www.bbc.com/portuguese/cultura/2010/02/100218_lucasmendes_tp>.
219. Disponível em: <http://ourworldindata.org/water-access-resources-sanitation#access-to-improved-sanitation>.
220. Disponível em: <http://ourworldindata.org/grapher/number-with-without-access-sanitation?stackMode=relative&country=BRA>.
221. Disponível em: <http://ourworldindata.org/life-expectancy#rising-life-expectancy-around-the-world>.
222. Disponível em: <http://www.alliance87.org/2017ge/childlabour#!section=3>.
223. Disponível em: <http://ourworldindata.org/energy-production-and-changing-energy-sources>.
224. Disponível em: <http://ourworldindata.org/grapher/number-with-without-access-to-improved-water?stackMode=relative>.
225. Disponível em: <http://pt.wikipedia.org/wiki/Relatividade_geral>.

Este livro foi impresso pela
R. R. Donnelley em papel pólen bold 70g.